Unsolved
Mysteries
Of World Science

世界科学未解之谜

徐胜华　房春草／编著

光明日报出版社

科学在人类摆脱蒙昧、走向文明的过程中扮演了至关重要的角色，一部科学技术的历史就是一部浓缩了的人类发展史。今天，科技更是被视为"第一生产力"，代表着一个国家、民族和时代的先进程度和发展方向，无数的科学家为此在科学的道路上漫漫求索着。然而科学探索又是漫无止境的，人类在攻克了一道科学难关之后，往往发现眼前是更加广阔的未知世界。在科学的领域里，有着太多未解的谜题，比如，外星人是否真的存在，恐龙时代的来龙去脉是怎样的，曾经辉煌的大西洲究竟失落何处，艾滋病会永远让人类谈之色变吗，你我所做的梦有没有更深层次的解说……这些困扰着科学家的疑问，也同样像磁石般吸引着我们好奇的目光，并刺激着我们探究其真相的强烈兴趣。而对种种科学谜题进行解析和破译的过程，不仅使我们窥见科学世界的神秘与深奥，也有助于我们了解世界科学研究中的许多前沿课

题；不仅能使我们获得知识上的收益，也可以得到精神上的愉快体验。

作为"图文未解之谜"系列丛书中的一种，《世界科学未解之谜》正是一部以满足读者对科学世界的求知

与探索为宗旨的，融知识性、趣味性于一体的科普性读物。编者参考大量文献资料、学术专著以及最新科研成果，认真择取了近年来在科学领域影响最大、最有研究价值且最受关注的谜题，内容涉及天文、地理、动物、植物、生物、医学、人体科学、数学、物理、化学等诸多领域，尽可能多角度、全方位地诠释这些谜团，客观、严谨地分析其成因、特点及未来的发展趋势，力争为读者提供丰富而权威的资料信息和令人信服的答案结论。

　　为满足不同层面读者的阅读需要，本书在写作风格上力求通俗易懂，以凝练生动的语言深入浅出地讲解谜题。同时，本书以图释文、图文互济的编排方式将会给读者带来强烈的视觉冲击。300 余幅弥足珍贵的实物图片、现场图片、电脑复原图及相关的原理演示图等图片，通过简约开放的版式和文字等多种要素的巧妙组合，弥补了单纯的科学解说过于抽象的

缺憾，使知识的传输更加顺畅、准确，为读者营造一个轻松愉快的阅读氛围，引领读者进入一个精彩、神秘的未知世界，更加立体、真实地感受科学无处不在的魅力。

目录

contents

Unsolved
Mysteries
of
World
Science

第一章
天文地理之谜

银河系的中心到底是什么？ 010

1971 年，英国天文学家提出了这样的假设：核球中心部有一个大质量的致密核，或许还是一个黑洞，其质量约为太阳质量的 100 万倍。

太阳还能燃烧多久 013

太阳上的氢聚变反应至今为止已经历了几十亿年，从不间断。氢持续减少，氢不断产生，太阳的未来是怎样的呢？

外星人之谜 017

1950 年美国在新墨西哥州回收了几具外星人尸体，年底，一个不明飞行物降落在该州一个空军基地，飞碟中一个乘员在该指挥部待了约一个小时。显然这是一次外星人与人类的直接接触。

神秘巨石阵的含义 022

矗立在英格兰威尔特郡的索尔兹伯里平原上的巨石阵年代久远，规模宏大，但这独具特色的惊人建筑是怎么建造的？又是因何而建呢？

寻找消逝的大西洲 028

1968 年，在巴哈马一带海域人们发现了规模很大的城墙和金字塔，而后从苏联拍摄的这一带的海底照片上，人们可以清晰地看到古代建筑的断墙残垣以及从墙缝中长出的海藻。这一切是否能证明大西洲确实存在？

龙卷风成因之谜 032

龙卷风是云层底部下垂的漏斗状的云柱及其伴随的非常强烈的旋风，它的袭击突然而猛烈，产生的风是地面上最强的，但它同时也是最不可思议的风。

第二章
动物植物之谜

恐龙灭绝之谜 038

在白垩纪末期，所有的恐龙令人不可思议地在短时间里灭绝，是什么原因使在地球上曾繁荣了 1 亿 6000 万年之久的恐龙突然间走向了末日？

第二章
动物植物之谜

寻找鸟类的祖先 044

鸟类的祖先是恐龙？

是否存在"野人"？ 048

"野人"的皮毛，"野人"的脚印，"野人"的嚎叫声，"野人"的照片，这一切似乎都在证明野人的存在。但野人是否真的存在？

植物血型之谜 052

通过大量的实验得出，O型是植物最基本的类型，B型和AB型则是从O型发展而来的。但是植物没有红色的血液，也没有红细胞，为什么会有血型呢？

解读植物自卫之谜 055

科学家发现，植物的自卫措施真是多种多样。有些是保护植物免遭一切危险；有些则是有效地对付某些"敌人"；有些防御手段仅使"敌人"反感；而有些手段则是伤害那些企图侵害它的动物。

"巨菜谷"的蔬菜肥硕之谜 059

土豆大如篮球，红萝卜有20厘米粗，白萝卜重20多公斤，卷心菜均重30公斤，豌豆和大豆能长2米高，牧草则高得可没过骑马者。由于这里所有的植物都长得非常高大，所以被人称作"巨菜谷"。

食肉植物之谜 062

第三章
生物医学之谜

探寻生命的源泉 068

生命是从来就有的，还是像神话传说的那样，是上帝或女娲制造出来的呢？

神秘冰人奥兹之谜 073

1991年，一群游客在阿尔卑斯山的冰川上发现了一具有5300年历史的男性遗体。这就是被冰雪制成木乃伊的冰人奥兹。

人类起源之谜 078

中国人说人是女娲用泥捏出来的；埃及人认为人是由神呼唤出来的；日耳曼神话则说人是天神用树造成的；基督教国家里的人们却相信是上帝创造了人……

埃博拉病毒究竟藏身何处？ **084**

2004 年英国《焦点》月刊 2 月号发表的文章《病毒——看不见的敌人》，科学家们探索了有关这一神秘的看不见的敌人的已解和未解之谜，列举了 6 种高致命的病毒，而埃博拉赫然排在首位。

法老陵墓的造访者离奇死亡之谜 **088**

多少世纪以来，有关图坦卡蒙陵墓的富丽豪华在全世界传得纷纷扬扬，但许多盗墓者无缘得见。等到人们真的进入图坦卡蒙的陵墓时，在被陵墓的宏大和华丽震惊的同时，也发现了陵墓中的咒语。

美人鱼之谜 **096**

一些事件证明美人鱼似乎真的存在，但他们为何又迟迟不肯现身呢？

人类基因组计划解密 **100**

1990 年美国政府投资 30 亿美元，启动了人类基因组计划。此后，英、法、日、德、中等国先后加入。然而基因组计划是什么呢？

人类为何会得癌症？ **104**

一定的化学物质和物理、环境方面的因素会导致癌症；遗传因素也是致癌原因之一；正常细胞在一定情况下都会转变成癌细胞，哪一个才是主要原因呢？

艾滋病从何而来？ **108**

艾滋病是由同性恋引起的？是美国细菌战的产物？是"外空传入地球"的？还是猴子传染给人类的？自 1978 年发现首例艾滋病后，其来源问题就一直困扰着科学家。

第四章
人体科学之谜

破译人体辉光之谜 **114**

中国古代的宗教画中圣人周身常笼罩着一层薄辉，早期西方画像中耶稣头上也围绕着光环。而人的身体是否真的能放光呢？华尔德用一块特制的玻璃观察人体，结果发现确有一圈约 15 毫米宽的光辉存在于人体周围。

人脑之谜 **118**

人若没有脑或脑重过轻就不能正常生活，但事实上我们身边却有"没有脑子的高才生"存在。人脑对我们来说到底是怎样的呢？

人为什么会做梦？ **122**

在古代梦被看作是"神"的启示，有不少人相信梦主凶吉祸福，直至现在仍有人非常重视解梦，但梦是否就真有神奇的预示功能呢？梦产生的机理又是什么呢？

魔力十足的催眠术 126

催眠术可治愈精神疾病；催眠术可用来进行镇痛；催眠术可作为刑事案件侦查的一种手段；催眠术还是提高学习效果和工作效率的好方法；有的国家还采用催眠术增强宇航员的环境适应能力。

第五章
数理化之谜

球形闪电之谜 132

介绍神奇的球形闪电。

地磁场能影响人体吗？ 136

自从人类发现有地磁现象存在，就开始探索地磁与生命的关系问题。我们知道，信鸽辨别方向的能力很强，是因为它具有生物罗盘，作为高级生命的人类来说，虽然生物罗盘的作用已退化了，但仍有少数有特异功能的人还保留着这种特点

元素到底能有多少种？ 140

目前为止，得到世界各国科学家公认的化学元素共有107种，但根据元素周期表的预示，似乎还有无尽的元素还未发现。

水存在着一种新的形态吗？ 144

除了气态、液态与固态，水是否还存在聚合水这样一种形态？

光合作用之谜 149

世界上每年通过光合作用产生的物质有2200亿吨，相当于世界上所消耗煤的10倍。光合作用是一个高级而复杂的过程，它是怎么进行的？

哥德巴赫猜想：皇冠上的明珠谁来摘？ 154

现在的最好证明，还是陈景润的[1+2]。时间也已经又过去了30年，这颗"皇冠上的明珠"至今仍无人摘取。2000年，英国费伯公司宣布：愿意拿出100万英元奖金，来征解这道古老的数学难题。这是一个新机遇与新挑战。最后会珠落谁手呢，人们仍需拭目以待。

扫码获取
更多资源

火星轨道
火星
爱神星
太陽
主要小行星带
阿波羅
脱羅夫

天文地理「之谜」

黑洞 暗物质 的神秘面纱 之谜
之谜
的 中心 到底是什么？ 还能燃烧
星人 太阳 之谜
神秘 巨石阵 的
找 的 大西洲 Mystery of
Astronomy and Geography
龙卷风成

银河系的中心
center of Milky Way Galaxy?
到底是什么？

在科学技术不发达的古代，无论是中国人还是西方人，都毫无例外地把人类居住的地球看成是宇宙的中心，这就是有名的"地心说"。直到16世纪，哥白尼才提出了"日心说"向"地心说"挑战。经过长时间艰苦的努力，哥白尼的"日心说"才逐渐占了上风，取得了这场争论的胜利。"日心说"的主要贡献是把地球降为一颗普通行星，而把太阳作为宇宙中心天体。到18世纪，

油画《银河之起源》

银河系(Milky Way，直译为奶路）的名称来源于它在夜空中看上去很像一路泼洒的奶汁。在人类明白银河系的本质之前，古希腊人认为银河系是小海格里斯在女神朱诺的怀中吃奶时洒出的奶水。

银心射电图片

这一射电望远镜所呈现出的银心的射电覆盖了一个跨幅约450光年的区域。在图片中心的下方就是人马座A复合体（白色的明亮块），而弯曲的特征区就是弧弦，在左上端是人马座B2的巨型分子云。

赫歇尔又进一步指出，太阳是银河系中心。到20世纪，卡普利批驳了太阳是银河系的中心的说法，他把太阳流放到银河系的悬臂上，认为太阳离银河系中心有几万光年之遥。

当太阳"离开银心"之后，谁坐镇银河系的中心就成了天文学家特别关注的大问题。因为，银心距离人类并不算太遥远，理应把它的"主人"搞清楚。但是，由于银心处充满了尘埃，对银心的观测并不容易，要想透过这层厚厚的面纱，看清银河系中心的真相，实在不容易。

随着科学技术的进步，观测银河系的手段也在不断改进，人们对银心的了解也在不断增加。这种方法主要是接收尘埃无法遮挡的红外线和射电源，然后再对之进行分析研究。就像医生测人体心电图一样，天文学家们从红外线和射电波送来的大量有用信息来观测银河系的内部结构。

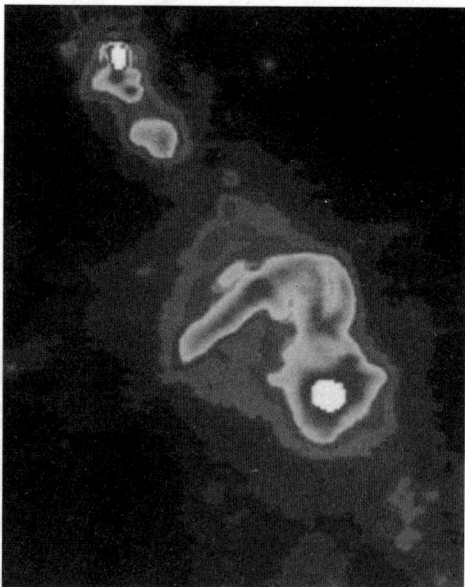

不可见的宇宙射线——主要成分是穿梭在星际介质之间的由超新星所发散出来的高能量质子。

热的云际介质，主要成分为氢气，在最密集的地方发出粉红色光。

磁场，太空中的磁场使尘埃排成一列列的，从而使马头星云后面的星际介质呈现出条纹状的外观。

参宿一，组成猎户腰带的恒星之一。

在年轻的恒星周围尘云看起来是蓝色的，因为星光在尘埃粒子的作用下散射了。同样的道理，太阳光被地球的大气层散射了，所以天空看起来也是蓝色的。

猎户座的马头星云，它是一个密集的分子云一部分。从"马鼻子"到"马鬃毛"的距离约为4光年。

分子云，由厚厚的尘埃组成，遮挡了云中所有新生恒星的光。

最先接收到银心射电波的科学家是美国贝尔实验室的工程师詹斯基。

由于银心核球的红外线和射电波信号很强，詹斯基认为，它似乎不是一个简单的恒星密集核心，而很可能是质量极大的矮星群。1971年，英国天文学家提出了这样的假设：核球中心部有一个大质量的致密核，或许还是一个黑洞，其质量约为太阳质量的100万倍。这种假设有一个前提，那就是如果核球中心真有一个黑洞，那么银心应有一个强大的射电源。于是，天文学家们开始了对银心射电源的探测。

20世纪80年代，美国天文学家探测到以每秒200公里的速度围绕银心运动的气体流，这种气体流离中心越远速度越慢，他们估计这是银心黑洞射电源的影响造成的。另一些美国天文学家也宣布探测到银心的射电源，这说明银心可能是一黑洞。

星际介质

在广袤的太空中，这些星际尘埃占了星系总质量的10%，剩下的空间中有足够的气体，形成200亿颗与太阳类似的恒星。这个尘埃和气体的混合物，就是星际介质。它一直在不断地翻腾，产生新的恒星并且吸收消亡恒星的剩余物质。消亡恒星返还的物质和它们形成时的物质有些微妙的不同。因此，星际介质的组成也在不断变化。

银河系在每年的 6 月份到 9 月份会特别亮，因为此时地球处于黑夜的一侧转过来朝向银河系物质密集的那部分，由于银河系相对来说较为狭窄，再加上我们身在其中，所以银河便像一条带子一样悬挂在夜空中，亮带中黑暗的裂缝是一些很大的尘云把后面的星光遮住的缘故。

1990 年发射的哈勃太空望远镜是目前太空中最高程望远镜。

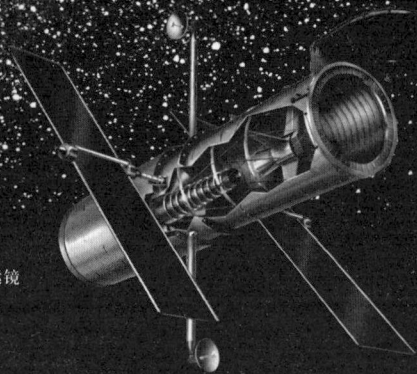

银河系的自转原理示意图

银河系并不是匀速自转的，其速度受各方面引力的影响也各不相同，位于猎户臂中的太阳就是一个高速运行着的天体。

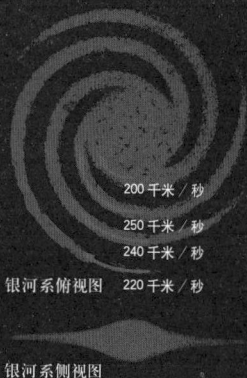

200 千米／秒

250 千米／秒

240 千米／秒

银河系俯视图　220 千米／秒

银河系侧视图

但这种说法遭到了苏联的天文学家的质疑，他们认为证明银心是黑洞的证据不足，并进而提出了另外一种假设：银心可能是恒星的诞生地，因为其中心有大量的分子云，总质量为太阳质量的 10 万倍，温度为 200 ~ 300K。

由于天文学家对于银心是否为一黑洞的问题争论不休，为了解决这个问题，美国天文学家海尔司提出了一个假设，即一对质量与太阳相当的双星从黑洞旁掠过时，其中一颗被黑洞吸进后，另一颗则以极高速度被抛射出去。这个判据得到了天文学家们的认同。但经过计算，根据掠过黑洞表面的距离，这样的机会并不大。海尔斯的判据虽不能最终解决问题，但不失为一条探测的路子。然而，要最终搞清楚银心的构成大概仍有许多工作要做。

太阳

How long can the sun burn?

还能燃烧多久？

太阳是我们赖以生存的能量源泉。如果没有太阳，地球上的人类、动物和植物都无法生长，我们美丽的地球将会一片死寂。太阳如同火焰，带给人类温暖和光明，从古至今被视为至高无上的象征。太阳会有衰老死亡的一天吗？它的未来将会如何？

在宇宙中，太阳是离地球最近的恒星。其核心温度高达1500万～2000万K，每秒都有6亿多吨的氢聚变为氦，每四个氢原子核在这一过程中聚变为一个氦原子核，太阳也就因此向外辐射出一小部分的能量。地球植物的生长和光合作用，煤、石油等矿藏的形成，大气循环、海水蒸发、云雨生成等等，均源于太阳的活动。10亿年来，地球的温度变化很小，不超过20℃。这是太阳稳定活动的证据，这也为生命的孕育、演化打下良好基础。

太阳上的氢聚变反应至今为止已经历了几十亿年，从不间断。氢持续减少，氦不断产生，太阳的未来是怎样的呢？

恒星演化理论诠释了"主星序阶段"，即从恒星中心核内

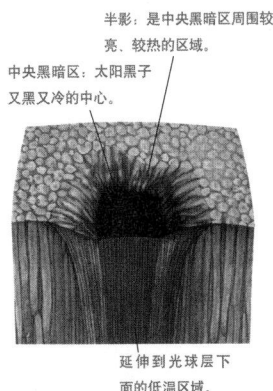

半影：是中央黑暗区周围较亮、较热的区域。

中央黑暗区：太阳黑子又黑又冷的中心。

延伸到光球层下面的低温区域。

太阳黑子的结构

太阳黑子是光球层中的洼地，在那里强大的磁力场阻挡热气流到达太阳表面。太阳黑子处的温度要比光球层中的其余部分低大约1500℃，而看起来黑暗，则是因为它们的周围太亮。

太阳的演变过程

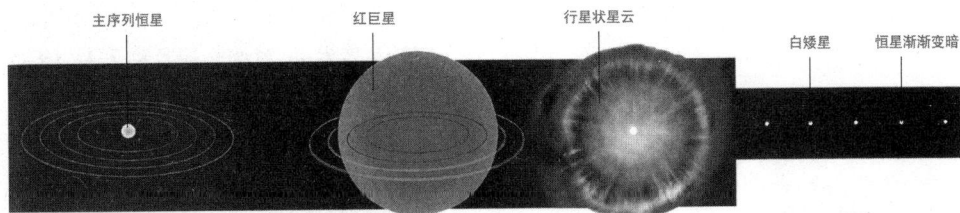

主序列恒星　　　　红巨星　　　　行星状云　　　　白矮星　　恒星渐渐变暗

稳定燃烧

大多数恒星因为质量太轻而不能变成超新星。像太阳这样的恒星，在悄无声息地、并不壮观地结束生命之前，会在主序列恒星带用几十亿年的时间燃烧其氢气。

膨胀的恒星

当所有的氢气耗尽时，太阳将膨胀成一个红巨星，用燃烧氦气代替氢气；当氦气耗尽时，太阳会喷出其外层物质来形成一团行星状云。

白矮星

行星状云将会消散，留下裸露的太阳中心；这一中心是一个白矮星——一个不留任何核燃料的密度大的由灰烬构成的小球体；再过几十亿年，它将会冷却下来并消失得无影无踪。

太阳的表面是厚达500千米的热气沸腾的"海洋"，而不像地球那样坚固。太阳中心核反应释放出的能量，经过几千年缓慢而费力的旅途，最后突破光球层，发出突眼的光芒。在光球层上，气体开始变得透明，使光线可以射向宇宙空间。

太阳表面示意图◇

日珥

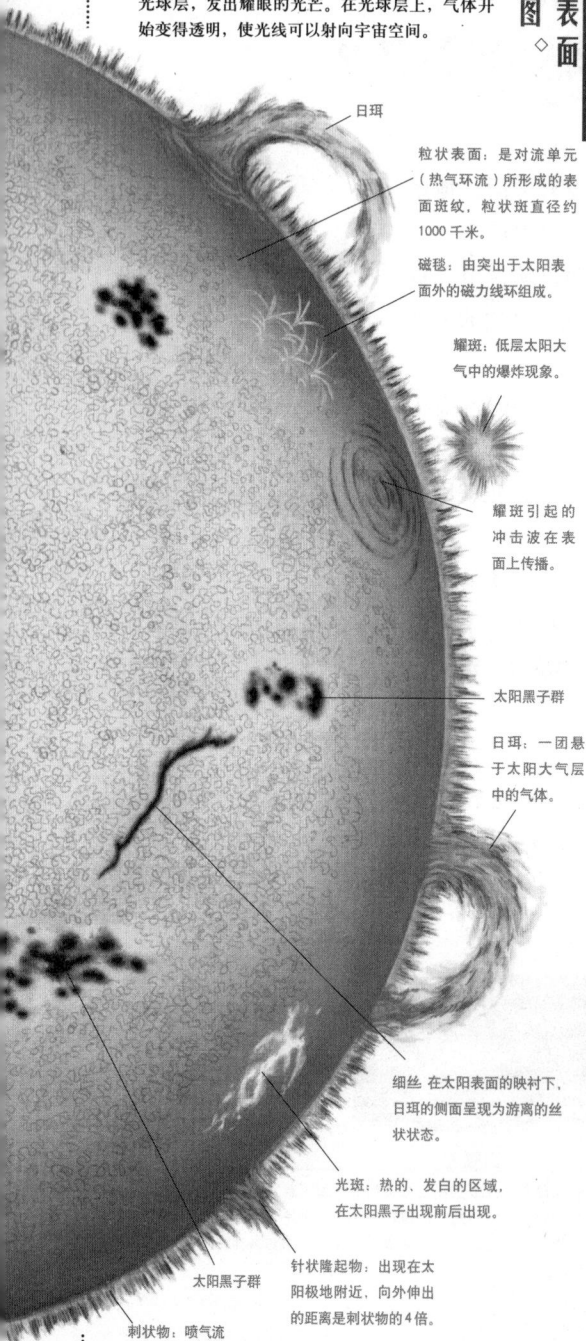

粒状表面：是对流单元（热气环流）所形成的表面斑纹，粒状斑直径约1000千米。

磁毯：由突出于太阳表面外的磁力线环组成。

耀斑：低层太阳大气中的爆炸现象。

耀斑引起的冲击波在表面上传播。

太阳黑子群

日珥：一团悬于太阳大气层中的气体。

细丝 在太阳表面的映衬下，日珥的侧面呈现为游离的丝状状态。

光斑：热的、发白的区域，在太阳黑子出现前后出现。

太阳黑子群

针状隆起物：出现在太阳极地附近，向外伸出的距离是刺状物的4倍。

刺状物：喷气流

的氢开始燃烧直至全部生成氦。恒星在这个阶段上称为"主序星"。各恒星体根据各自质量在主星序中存在的时间是不同的。天文学家爱丁顿发现恒星体的质量与它为抗衡万有引力而产生的热量成正比；星体膨胀速度与产生热量成正比。产生的热量越多，星体膨胀速度越快，相应地留在主星序中的时间越短。太阳现在就处于主星序阶段，科学家计算，太阳最多有 100 亿年左右的时间停留在主星序阶段，至今为止它已有 46 亿年处于这一阶段了。大于太阳 15 倍质量的恒星只能在主星序阶段停留 1000 万年，相当于 1/5 太阳质量的恒星则可以存在长达 1 万亿年之久。

恒星漫长的青壮年期——主星序阶段一旦度过，进入老年期就会成为"红巨星"。在这个阶段，恒星将膨胀到大于本来 10 亿倍的体积，因此被称为"巨星"；之所以被加上"红"，是由于随着恒星迅速膨胀，其外表面越来越远离中心，温度也随之降低，发出的光也愈发偏红。红巨星尽管温度降低，光度却增大，变得极其明亮。人类肉眼能看到的亮星，就有许多是红巨星。最为我们熟悉的即是猎户星座的"参宿四"，其直径为太阳直径的 800 倍，达 11 亿千米。若"参宿四"在太阳的位置发光，红光会遍及整个太阳系。"主序星"到"红巨星"的衰变过程，变化不仅是外在的，内核也发生了巨大的转变——从"氢核"成为"氦核"。氦核逐渐增大，氢燃烧层也不断向外扩展。

一旦形成红巨星，它便会发展到恒星演化的下一阶段——"白矮星"。外部区域迅速膨胀，氦核受反作用力向内收缩，其中物质温度增高，内核温度最终将超过 1 亿度，引发氦聚变。氦核经过几百万年燃烧殆尽，

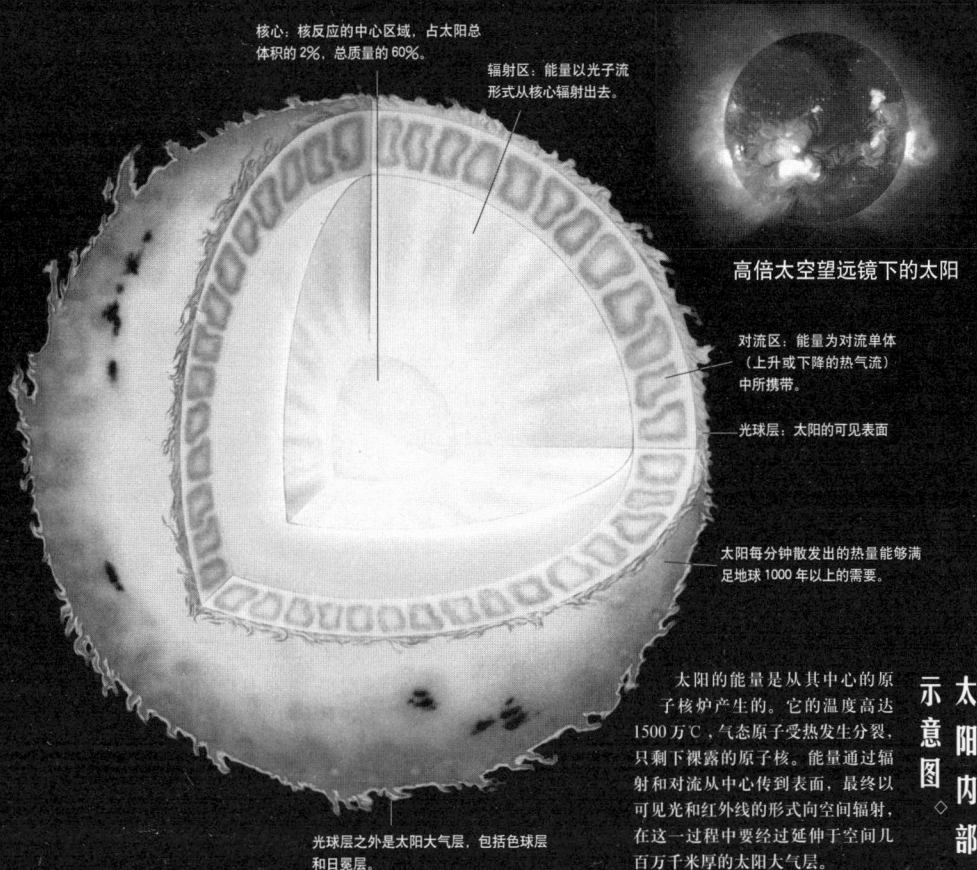

核心：核反应的中心区域，占太阳总体积的 2%，总质量的 60%。

辐射区：能量以光子流形式从核心辐射出去。

高倍太空望远镜下的太阳

对流区：能量为对流单体（上升或下降的热气流）中所携带。

光球层：太阳的可见表面

太阳每分钟散发出的热量能够满足地球 1000 年以上的需要。

光球层之外是太阳大气层，包括色球层和日冕层。

太阳的能量是从其中心的原子核炉产生的。它的温度高达 1500 万℃，气态原子受热发生分裂，只剩下裸露的原子核。能量通过辐射和对流从中心传到表面，最终以可见光和红外线的形式向空间辐射，在这一过程中要经过延伸于空间几百万千米厚的太阳大气层。

太阳内部示意图◇

而恒星的外壳混合物仍然以氢为主。这时恒星结构复杂了许多：氢混合物外壳下隐藏着一个氦层，还有一个碳球埋藏在内。这样，恒星体的核反应更加复杂，其内部温度上升，最终使其变为其他元素。红巨星外部与此同时也开始急剧地脉动振荡：恒星半径大小不定，稳定的主星序恒星变为多变的大火球。火球内部的核反应更加动荡，忽强忽弱。恒星内部核心的密度增大到每立方厘米 10 吨左右，此刻一颗白矮星便诞生在红巨星内部。

白矮星的特征是体积小、亮度低、质量大、密度高。例如天狼星伴星，体积类似地球，却差不多和太阳一样重！它的密度为每立方米 1000 万吨左右。由白矮星的半径和质量，算出其表面重力差不多是地球表面重力的 1000 万～10 亿倍。任何物体在这样高的压力下都将毁灭，即使是原子也会被压碎；电子也将脱离原子轨道而自由运动。

由于没有热核反应来为单星系统提供能量，白矮星一边发光，温度一边降低。100 亿年的漫长岁月过去后，白矮星将停止辐射而死亡。躯体会变成硬过钻石的巨大晶体——

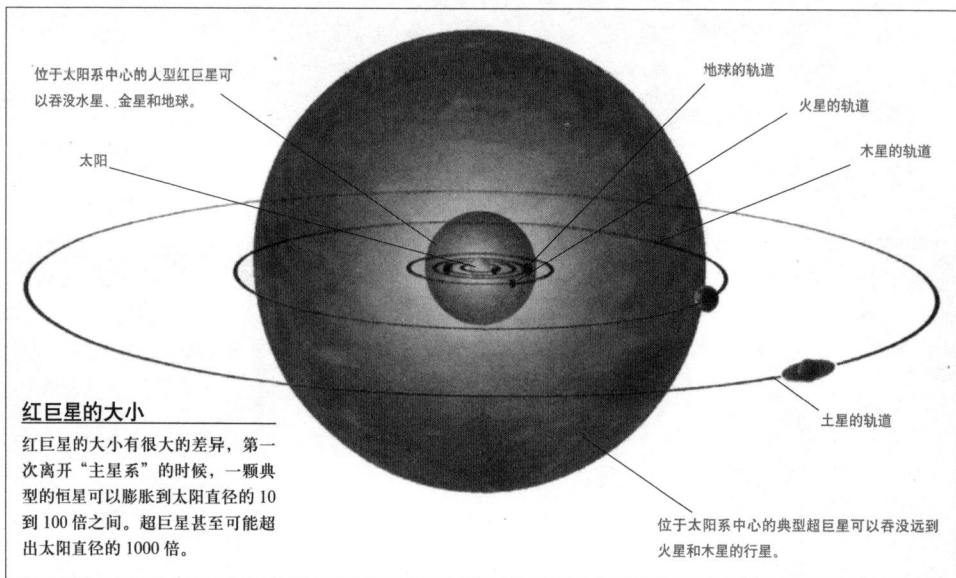

位于太阳系中心的人型红巨星可以吞没水星、金星和地球。

太阳

地球的轨道

火星的轨道

木星的轨道

土星的轨道

位于太阳系中心的典型超巨星可以吞没远到火星和木星的行星。

红巨星的大小

红巨星的大小有很大的差异，第一次离开"主星系"的时候，一颗典型的恒星可以膨胀到太阳直径的 10 到 100 倍之间。超巨星甚至可能超出太阳直径的 1000 倍。

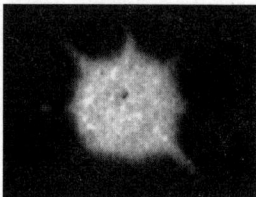

白矮星

在每一个行星状星云的中心有一颗极小的炽热恒星叫白矮星。这是原先的红巨星烧尽了的核，富有由恒星的氢燃烧产生的碳和氧，现在因为外层已被吹掉而显露了出来。因为不再产生能量，白矮星已衰落下来成为很小的一团——一颗质量和太阳一样的典型的白矮星会缩成地球大小的一团。银河系所有恒星中大约有 10% 可能是白矮星。

"黑矮星"，在宇宙中孤单地飘浮。

一些科学家认为，几十亿年后，太阳会在快要灭亡时迅速膨胀，所有太阳系内的星体和星际物质都会被"吞噬"掉。到那时，太阳会剧烈地抖动，大量物质在脉动过程中被抛入星际空间，而太阳会失掉大部分的质量，其余部分则缩为白矮星。银河系中发现的大量变星表明，恒星死亡过程中脉动和质量的抛失极为普遍，一些变星每年能够抛出等于地球质量的大量物质。为了更好地了解包括太阳在内的恒星如何灭亡，可以研究这种质量的抛失。

一些科学家认为，虽然目前还不太清楚恒星的演化过程，但 50 亿年后，可以基本肯定太阳会成为红巨星。随之地球上的一切生命都会灭亡，地面温度将高于现在 2 ~ 3 倍，北温带夏季最高温度会达到 100℃；而地球上的海洋也会蒸发成为一片沙漠。太阳大概会在红巨星阶段停留 10 亿年，光度会提高到今天的几十倍；体积也将会极大地膨胀，若从地面观察，会看见整个天空都是太阳。

当然"世界末日"距现在还很遥远，但因为提前几十亿年了解这样的"大结局"，人们不禁会疑惑："生命的进化必将是一场悲剧，那其意义究竟为何呢？"

外星人之谜
eXtraterrestrial being(ET)

外星人在驾驶飞碟飞行于地球上空或者到地球上时，免不了发生事故，因而有些飞碟的残骸以及外星人的尸体，甚至是活外星人就落到了地球上。

1950年美国在新墨西哥州回收了几具外星人尸体。这是地球上的人类首次有记载的发现外星人尸体的事件。这年年底，在该州的一个空军基地，降落了一个不明飞行物。二三辆吉普车迅速朝那个不明飞行物驶去，发现那是一个非常典型的圆状飞碟。飞碟里走出一个乘员，上了一个军官的吉普车，接着就开往了该基地的指挥部。这个乘员在指挥部待了约一个小时就回到了飞碟上，不久飞碟垂直起飞离开了地球。这显然是一次面对面的直接接触，但是没有人出来证实这件事。直到40年后，

美国新墨西哥州UFO博物馆中陈列的死亡外星人模型，表现了1947年发生的一次引起广泛争论的UFO事件。

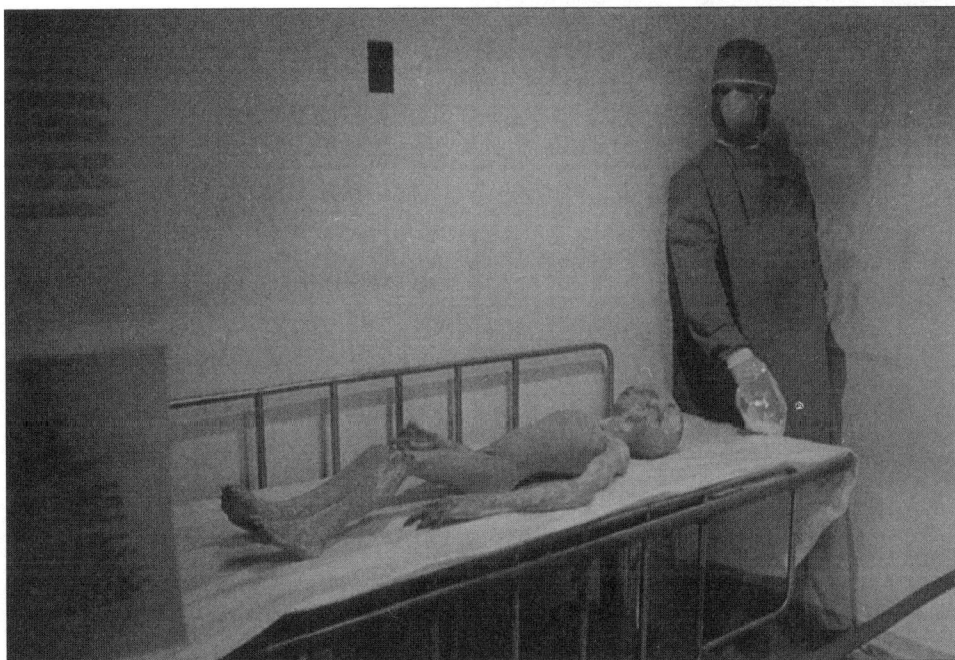

即 1989 年 11 月末，才有一位科学家出来证实此事。这位科学家曾参与外星人的尸体处理工作。他说，有 4 具外星人的尸体一直保存在俄亥俄州的空军基地里。当时在任的杜鲁门总统曾下令所有相关人员严守这一机密，并同意对外星人的尸体进行研究。

透露这条消息的科学家叫斯通·弗里德曼，当年他直接参加了对外星宇宙飞船残骸及外星人尸体的处理工作。据他讲，这 4 个外星人个头很小，呈深灰色的皮肤满是皱纹，但头和眼睛都很大。他们的耳朵和鼻子深陷于脸内部，从手肘到手腕的那截手臂特别短。很明显，外星人与人类长得很不一样，看起来也很恐怖。

此后，美国又发现了数具外星人尸体。1953 年夏，在美国亚利桑那上空一个飞碟发生了故障，其中一部分碟体陷在沙子里。美国军方派人赶到时，发现里面有 5 个外星人。这几个人和地球人长得比较像，只是胳膊特长，而且每只手只有 4 个手指，指间还有蹼，看起来像青蛙的蹼。其中一个还活着，但伤得很重，不久就死了。

另一艘坠毁于 1962 年的飞碟直径有 17 米，由一种在地球上找不到的金属制成。在飞碟残骸里发现两个类人的生命体，身体比地球人矮，只有 1 米左右，但头比地球人的头大，鼻子只有小小的突起，嘴唇很薄，还有一对没有耳郭的小耳朵。

据美国"20 世纪不明飞行物研究会"主席巴利先生透露：目前，美国回收的外星人尸体并被冷藏处理的至少有 30 具，分别放在几个秘密的地方。

外星人的尸体在世界其他许多地方也被发现过。1950 年有一个飞碟坠毁在

图片右上角的发光圆盘被认为是 UFO，飞机遮住太阳的光线让它显得更为明显。

阿根廷荒无人烟的潘帕斯草原。这个飞碟的圆盘高约 4 米、直径约为 10 米、座舱高约 2 米，有舷窗，表面光亮严整。这个飞碟正好被驱车经过的建筑师塔博博士发现了。在强烈的好奇

事实或是科幻？

三个据说是 UFO 的黑色盘状物盘旋在英国约克郡的一个小镇上空，这张不甚清晰的照片拍摄于 1966 年。

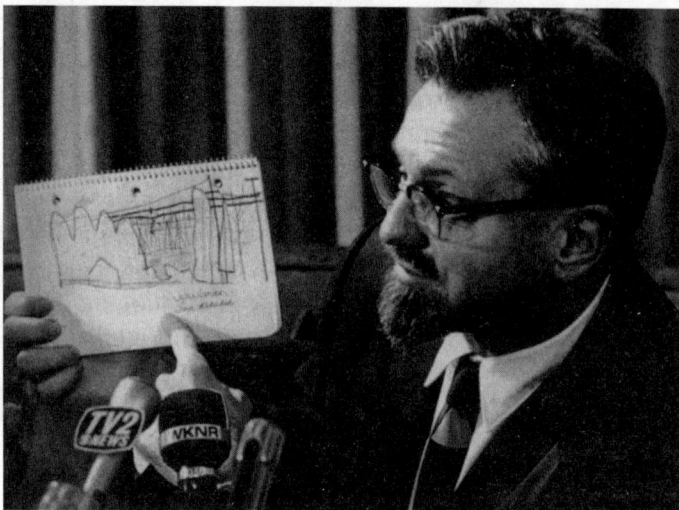

在 1966 年 3 月的一次记者招待会上，美国空军蓝皮书作业组织的顾问海奈克展示一幅密歇根 UFO 目击者所绘的草图。美国政府自此开始调查 UFO 事件。

国外科幻杂志封面，飞碟被绘制成可以悬浮于空中的巨盘。

心的驱使下，他停车走近物体，他从圆形物体的舷窗往内看，发现舱内有四张座椅。其中三张各坐着一个小矮人，他们一动也不动，显然已经死了。这些小矮人长得与地球人差别不大，有鼻子、眼睛和嘴巴，头发呈棕色，长短适中，皮肤黝黑，穿一身铝灰色的服装。只是第四张座椅空着。

第二天，等到他与朋友们再来看时，地上只留下了一堆灰烬，温度很高，站在旁边也能感觉到。他的一个朋友抓起了一把灰，手立刻就变紫了。后来，塔博博士患上了一种非常怪的疾病，连续发高烧，好几个月不退，皮肤破裂，像老树皮一样，一直无法治愈。

这三个外星人的尸体被人们发现却未能回收到。于是就有人推测，可能第四张座椅上的那个外星人当时还活着，为了不让自己和飞碟落入地球人之手，就把飞碟和三个外星人的尸体悉数烧掉了。

苏联科学家杜朗诺克博士在南斯拉夫宣布：苏联一支科学探险考察队于 1987 年 11 月在戈壁沙漠中发现了飞碟。当时，它的一部分已埋在沙堆中，直径有 22.78 米。让人吃惊的是，这次发现的外星人尸体达 14 具之多，而且都没有腐烂，可能是沙漠中气候干燥的缘故。

设在法国巴黎的"UFO报告真实性科学协会"主席狄盖瓦曾经在喜马拉雅山峰的冰雪中发现一个飞碟残骸和6个外星人的遗体。当时法国政府大力支持他们回收外星人遗体和飞碟残骸的工作，回收工作持续了数月才结束。从回收的外星人遗体看，它们身材矮小，只有1米左右，四肢瘦弱，但头和眼睛都比地球人大很多。他们还收集到许多金属残片，大的有2～3平方米，而这些金属在地球上仍没有发现。

本著名作家矢追纯一，曾经拜访过一些回收过外星人尸体的科研人员，从而掌握了大量相关资料，写成了《外星人尸体之谜》一书。该书受到世界飞碟研究界的高度重视。在这本书中，他详细叙述了自己在美国调查访问的情况。他认为这些年来美国回收飞碟和外星人尸体的事件有46起之多，现在存放在美国的外星人尸体仍有数十具，他们被冷冻在地下室的秘密器皿中，美国对外星人的尸体进行过解剖等等。

由此似乎可以判断，外星人的存在是确定无疑的，然而他们到底来自何方呢？

根据专家的判断，这张拍摄于1967年俄亥俄州村庄上空的照片展示的是一架外星人的交通工具。

出现在美国得克萨斯州某农场上空的不明飞行物。

在这一回收过程中，他们还找到了一些动物，如马、牛、狗、鱼，甚至还有一头大象和几百个鸟蛋，这让人感到莫名其妙。由于这些残骸都是被冰雪封冻起来的，因此很难确定其失事的时间，可能是几年前，也可能是在几千年甚至上万年前。

回收飞碟和外星人尸体数量最多的美国，但由于这涉及科技和军事机密，美国政府总是千方百计地掩盖事情的真相。日

据参加解剖的人说，外星人的肺与地球人是一样的，由此断定，他们的"家乡"也是一个氮气多于氧的地方。哪个星球有这种条件呢？目前尚未找到答案。

神秘巨石阵

mysterious Stonehenge 的含义

在英格兰威尔特郡的索尔兹伯里平原上，矗立着一组奇特的巨石阵，巨石阵的主体是由 100 块巨石组成的石柱，这些巨大的石柱排列成几个完整的同心圆。石阵的外部是环形的沟和土岗，直径约 90 米。土岗内侧紧挨着的是 56 个圆形坑，这些坑呈等距离分布，里面填满了夹杂着人类骨灰的灰土。坑群内竖立着两排残缺不全的蓝砂岩石柱。其中最壮观的部分是石阵中心的砂岩圈，由高 4 米、宽 2 米、厚 1 米、重达 25 吨的 30 根石柱组成，上面还架有横梁，形成一个封闭的圆圈。内侧有砂岩三石塔 5 组，也称为拱门，呈马蹄形排列于整个巨石阵的中心线上，开口处正对着仲夏日出的方向。巨石圈的东北向竖立着一块高 4.9 米、重约 35 吨的砂岩巨石。每到夏至和冬至这天，从巨石阵中心向这块巨石望去，一轮红日渐渐隐没于其后，为巨石阵增添了更多的神秘色彩。

这些石头建筑遗址群规模宏大，不是被包围在古代的城市中，而是被环绕在现代的高速公路中，并向东延伸，一直到伦敦。而且没有任何的资料可以让人们能破译或者去解释这种现象。这些石器时代和铜器时代的人们除了建造史前巨石柱外，还建造了一些散布于乡间的石头纪念碑。但是

这样独具特色的惊人建筑是用什么方法建造的呢？他们又是出于何种原因来建造这些史前巨石柱的呢？

早在17世纪，史前巨石柱就引起了人们的兴趣，国王詹姆斯一世还委派一名叫伊尼戈·琼斯的宫廷建筑师去调查。琼斯在对纪念碑进行了一番研究之后，却找不出任何的蛛丝马迹。他只能认定这种石柱绝不是石器时代或铜器时代的人建造出来的。琼斯推理说："史前巨石柱结构如此雄伟、令人惊叹的作品绝不是那些缺乏知识和能力的人所能建造的。"琼斯最后得出结论说，只有罗马人才能造出如此精巧的建筑，而且那是一座我们所不了解的罗马神的庙宇。

回溯到12世纪，蒙默斯的牧师威尔士·杰佛里曾经对石柱的建造者进行了考察，他认为是亚瑟王的宫廷男巫建议建造的史前巨石柱，并且指出那名男巫名叫默林。杰佛里在《不列颠国王的历史》里指出，亚瑟王的叔叔是一个名叫奥里利厄斯·安布罗修斯的人，是他委托亚瑟王建造的纪念碑。安布罗修斯想纪念反盎格鲁—撒克逊侵略者战争的伟大胜利，而且这种方式要非常适当并永垂不朽。

巨石阵夕照
矗立在夕阳下的索尔兹伯里平原上的巨石阵

英格兰巨石阵遗迹近景
英格兰的历史和史前时代深受地理影响。由于它曾是某些欧洲通道的必经之路，所以在那儿发现了多种巨石文明墓穴建筑，这种建筑分为两种：第一，长方形的冢，状如小山丘；第二，宗教性的建筑，以斯通亨治史前巨石柱为代表。

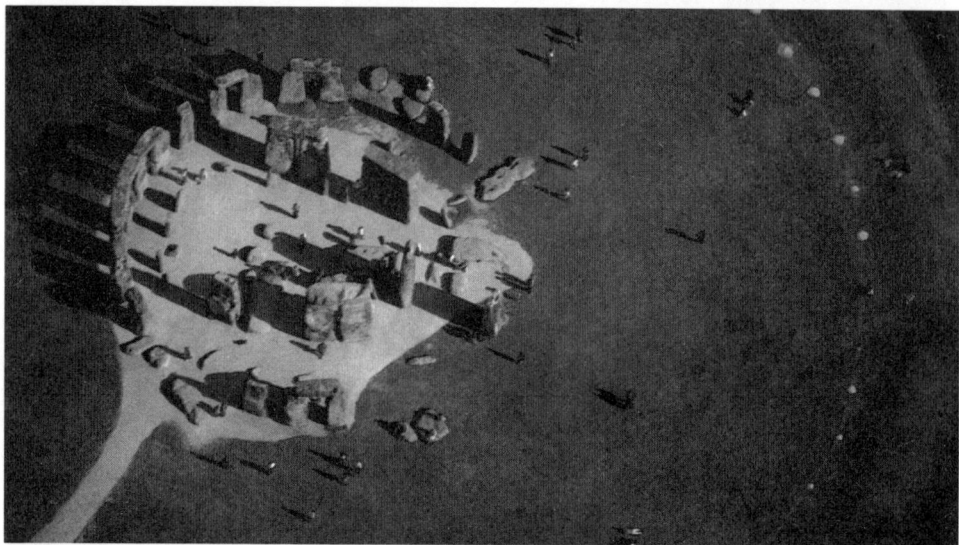

巨石阵俯瞰

在欧洲像这样的巨石阵还有很多，但环形的巨石阵却只出现在英国和爱尔兰。

默林建议造一个纪念碑，他们从爱尔兰的一个名为基拉罗斯的地方取出一些石头作为造纪念碑的基本材料，然后再把它运到不列颠。

人们在接下来的一些年代里，试图把史前巨石柱归功于除不列颠以外其他地方的建筑师。就像人们认为古代凯尔特牧师是德鲁伊特人一样，他们的支持者中有丹麦人、比利时人和盎格鲁－撒克逊人。

但是这些说法很快也被人否定了。在20世纪60年代有人发明了一种新的放射性碳元素测定年代法，表明史前巨石柱的年代比原先设想的还要古老，实际上，史前巨石柱比迈锡尼文明要久远得多。新的放射性碳元素测定年代法证实，公元前1600年至前1500年，迈锡尼城堡才建立起来，它使史前巨石柱起源的年代大大提前了，任何地中海文明都比它晚，不可能对它产生任何影响。

史前巨石柱根本不可能是由任何伟大的欧洲文明建造的，因为它的年代如此古老，也不可能是离此更久远一些的非欧洲文明建造的。大部分学者不得不重新审视以前的观点，并被迫接受这样一种观点：建造史前巨石柱的是那些完全没有外界帮助地居住在石屋附近的人们。如此持久的纪念碑，他们又是用什么方法建造的呢？

考古学家对石柱进行了大量考察，他们发现威尔士东北150英里以外的普里斯里山上提供了人们建造史前巨石柱所用的石头。这些重达5吨的石头又是怎样被索尔兹伯里平原上的人们从威尔士运到英格兰的呢？

考古学家斯图尔特·皮戈特设想说，至今还深留在人们的脑海里的民间传说中有一部分可能是真实的。毕竟，杰佛里曾经有过默林从西方获取石头的记载，虽然据他记载石头并非从威尔士运来，而是从爱尔兰运来

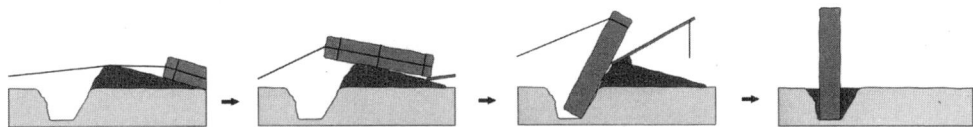

的。据流传的民间传说，只有通过爱尔兰海这一途径，那些石头才能漂流到现在它们所在的位置，杰佛里对此也有过记载。然而，有大量其他种类石头存在于索尔兹伯里平原附近，人们为什么要跑那么远去取石头，来建造这些石柱呢？如此众多的石头是怎样从普里斯里山运到索尔兹伯里平原的呢？据估计，这些石头至少有85块，甚至更多。

人们猜想史前巨石柱的建造者们可能相信有某种魔力存在于这些岩石中。

关于这些石块是如何运达目的地的问

巨石柱立起过程

竖起巨石并不是一项简单的工作，它需要大量的人力和丰富的智慧。学者们认为巨石阵中的立柱是使用绳子、杠杆和土坡竖到坑里的。根据这种解释，如图所示范，人们拉着绳子把石柱拖上一个建在坑口的斜坡上，然后再用杠杆从石柱的另一端一点点地把它撬到坑里；这时所有人再一起通过绳子和杠杆把它竖直。最后，坑里填上石子和土，把石柱固定。

索尔兹伯里的巨石阵复原图

英国有许多著名的巨石阵，这些巨石中的一些在太阳和月亮运转周期的某些时刻——如夏至的那一天——可以和它们升起和落下的方向连成一条直线，因此有人推测这些巨石是一种记录时间和预测季节变化的工具，其他石碑被认为是举行仪式或聚会的祭坛，也可能是古坟墓。

通道指向夏季日出的方向。

太阳

后面的石头表明这是巨石阵最初的入口。

两块巨石构成仪式的门口。

祭坛石

带有横梁的圆形巨阵

土石坟

圆形壕沟

这些坑洞是最早的建筑物的一部分。

题，以 G.A. 凯拉韦为代表的地理学家们争辩说，这些蓝砂石不是由人力搬运的，而是通过冰川运到这里的。但是，凯拉韦的观点并没有得到大部分专家的认可，因为他们认为最近的冰川作用是不可能向南延伸到普里斯里山或者索尔兹伯里平原上的。即使的确如此，冰川运动集中了威尔士一小片地区的蓝砂石后，把它们沉积在英格兰的一小片地区而不是把它们散落于各地，这似乎

不大可能。另外，布里斯托尔海峡的南部或东部没有任何其他的蓝砂石，这也否定了冰川理论。

在考古界还有这样一种解释，即认为来自索尔兹伯里平原的人们用一些捆绑在一起的独木舟并通过爱尔兰海搬运这些蓝砂石。但这种解释存在一个问题，即索尔兹伯里平原的人们还没有被证实拥有这种惊人的、了不起的技术专长，目前，人们还没有找到这种技术存在的痕迹。

对于史前石柱是谁建造的以及建造原料如何搬运的问题，人们仍然争论不休，没有一个统一、确切的答案。这时，一个新的疑问又吸引了科学家的注意：这些石柱是用来做什么的呢？

1953 年 7 月 10 日，理查德·阿特金森偶然涉足了这个问题。当时，他准备给一块石头上的一些 17 世纪刻画拍照，这块石头位于大垂里森林旁边。他一直等到下午才拍照，因为希望得到光影的对照。当阿特金森透过照相机镜头看的时候，发现了一些其的雕刻位于 17 世纪的刻画下面。其中有一个刻的是一

把匕首指向地面，附近是四把大约史前巨石柱建造时期在英格兰发现的那种类型的斧头。

阿特金森由此联系到了另一个更加高级的文化。他发现的匕首是大约在公元前1500年刻成的，这个时间与20世纪50年代的许多专家们所说的史前巨石柱的建造时间相吻合。

天文学家第一次发表见解的时候并不是在20世纪50年代。威廉·斯蒂克利早在18世纪就曾注意到史前巨石柱的主线与太阳有一定的联系，刚好是"白天最长时太阳升起的地方"，而且许多人研究该纪念碑时，发现它的方向是面向太阳、月亮或者星星的。

阿特金森就史前巨石柱问题写了专著《史前巨石柱上的月光》。阿特金森认为史前巨石柱上的天体准线只是偶然出现的，并没有什么规律。从现代意义而言，许多人非常赞同这一观点，纪念碑很可能作为史前宗教仪式的一部分，虽然没有被用作天文台，但建造史前巨石柱的人们很可能从那儿观测过太阳。

目前，多数科学家认为巨石柱是用来观测天象的，但人们还没有找出确凿的证据来证明这一点，关于巨石柱的谜题仍有待后人研究探索。

木阵与海阵
古英国人在建造巨石阵的同时也建造了与巨石阵相仿的木制建筑，现被称为"木阵"。1998年至1999年间，在英格兰东部诺福克海岸不远的岸边泥泞里，发现了这座完整的木制纪念碑，通过树轮年代的测定，可以精确地知道它建于公元前2050年。它被命名为"海阵"，在一圈木柱的圆心处，直立着一棵巨大的橡树，上面像伸展开的树枝的东西其实是树根，这棵树是倒栽的。

寻找消逝的 大西洲

公元前4世纪，柏拉图曾在他的两本对话集《蒂迈乌斯篇》、《克里提亚斯篇》中提到一个大西洲的故事。这个故事立即引起了人们的兴趣：世界上真的有大西洲吗？大西洲是一个什么样的陆地呢？

柏拉图在故事中讲道：远在古代，在海的对岸，有一个名叫阿特兰蒂斯的岛屿。它是海神波塞冬赐给长子大西的礼物，后来大西在岛上建国，取名为大西国。于是，阿特兰蒂斯岛变成了大西洲，而大西洋就是大西洲四周的海。

据柏拉图说，大西洲的所在地位于直布罗陀海峡对面的大西

柏拉图的著作中说道，大西洲经过了空前的辉煌后，"大西洲人内心充满了过于膨胀的野心和权力"。大西洲人不再视美德高于金钱，陷入了道德的沉沦。他们派出大量军队去征服雅典和东部，以攫取财富，无休止的奢华终于迎来因果报应。众神之王宙斯对他们发出了令人战栗的惩罚，"恐怖的地震和洪水一夜之间突然降临，大西洲……被大海吞没，消失了"。

洋中部。根据这一说法，大多数大西洲学专家推测，失落的大西洲应该就位于大西洋中部。和其他后来的许多学者一样，美国考古学家康纳利认为亚速尔群岛一定是这片湮灭大陆的唯一的幸存者，它之所以幸存，是因为它是全城的最高峰。但是，尽管考古学家们对亚速尔群岛进行过详细勘探，海洋学家也对毗邻的海床进行了认真勘察，但还是没能找到任何能够证明那里曾经有一个王国或大岛的证据。

柏拉图在书中对大西洲的描述几近完美：大西洲位于副热带，全岛面积大约在40万平方千米左右，人口估计有2000万。岛的北部有绵延不断的崇山峻岭，是全岛的天然屏障。大西国的鼎盛时期大约在公元前1.2万年左右，当时风调雨顺，国泰民安，因此很快成了文明世界的中心。

对岛国的情况柏拉图是这样描绘的：大西洲的面积大于小亚细亚和利比亚之和。那里物产丰富，人们会冶炼、耕作和建筑。那里道路四通八达，运河交错成网，交通发达，贸易兴盛。他们凭借强大的经济势力四处扩张，他们的船队，曾经征服了包括埃及在内的地中海沿岸的大片区域。

但盛极必衰，就在此时，大西洲突然间天降灾祸，一场强烈的地震和随之而来的海啸铺天盖地，使整个大西洲遭到了毁灭性的打击。一切曾经代表繁荣的都市、寺院、道路、运河及所有的国民，在顷刻间沉陷海底，不复存在。

柏拉图2000多年前的描述使人们一直为大西洲的神秘所深深吸引。人们一直在问：大西洲真的存在过吗？如果存在过，那么究竟是什么力量使得大西洲毁于一旦呢？

1882年，依内提乌斯·康纳利写了一本名叫《大西洲：大洪水前的世界》的书。在该书中，他十分肯定地认为大西洲确实存在，而且他还指出，大西洲位于大西洋上，世界文明最早就是在这里发祥的。

通过对欧洲和美洲的动植物以及化石的大量比较，康纳利发现了一个有趣的现

世界科学未解之谜

29

康纳利像
美国人，于1882年出版了《大西洲：大洪水前的世界》一书。他研究过大西洋两岸古文明在神话、语言和习俗方面的相似之处，认为在新世界与旧世界之间陆沉的阿特兰蒂斯是两地文化的桥梁。他又把大西洲沉没的时间定在冰河时期末，约公元前8000年，当时冰河融化，海面上升至前所未有的高度。

拍摄于20世纪初的照片中，康纳利把自己的肖像挂在家中书房，在这里他写出了《大西洲：大洪水前的世界》。

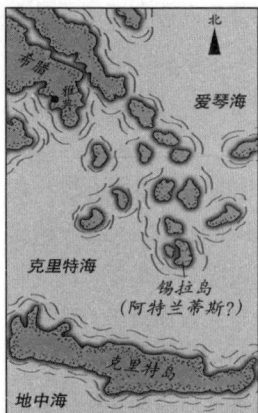

阿特兰蒂斯推测位置示意图

这里标示的阿特兰蒂斯推测地点是希腊的锡拉岛。根据考古发现的爱琴海青铜器时代（公元前3000—公元前1500年）文物，与柏拉图有关阿特兰蒂斯的描述，有颇多相似之处。而在公元前1500年左右，锡拉岛火山爆发，被大海吞噬。

象：在大西洋两岸都有骆驼、穴熊、猛犸和麝牛的化石；埃及的金字塔也并非独一无二，在它的对岸，墨西哥、秘鲁也有与之相似的金字塔；西班牙的巴斯克人和南美的玛雅人都有一个大大的鹰钩鼻，而且所使用的松土锹也一模一样……所有这些，都不难证明世界上有过这样一个大陆，它将欧洲、美洲和非洲全都联系起来了。

1898年，人们又意外地发现，在亚速尔群岛周围海域有一块海底高地，其大小、形状都与柏拉图笔下的大西洲十分相像。勘探人员将取出的岩石送到科研中心鉴定，结果证明这一带海域在1万年之前确实是一片陆地。

1968年，在巴哈马一带海域的水面下人们发现了规模很大的城墙和金字塔，其中城墙约有1600米长，金字塔约有200米高，底边长达300米。1974年，苏联的一艘海洋考察船又拍摄了这一带的许多海底照片。从照片上人们可以清晰地看到许多古代建筑的断墙残垣以及从墙缝中长出的海藻。

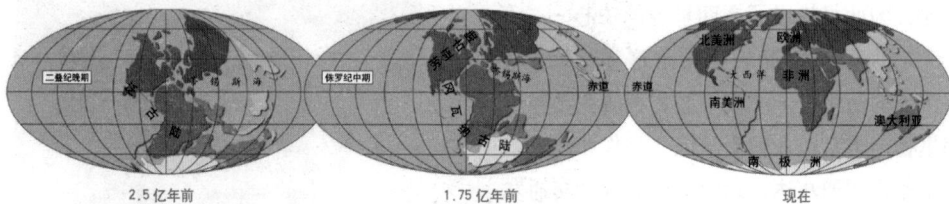

过去2.5亿年间各个大陆变化图示

这一切似乎已经证实了大西洲的真实存在。如果真是这样，大西洲又怎么会突然沉没了呢？

康纳利认为同时发生的火山爆发、地震和洪水泛滥是大西洲毁灭的原因。但是现代物理学家对此提出了质疑，他们认为这一类灾变不可能毁灭整个大洲，更不可能使一片大陆在48小时内毁于无形。而德国物理学家穆克则认为大西洲的毁灭源于火星和木星轨道间的一颗大行星的撞击。但这些都是无法证实的假设。

尽管大西洲的存在已经证据确凿，但也有不少人对此持否定态度。他们指出，如果真如柏拉图所说，大西洲当时已经达到高度文明，并且也已经懂得使用金、银、铜制品，那么为什么考古学家至今找不到这方面的任何证据。另一方面，如果大西洲的确存在，那么必然会有一些商品，诸如陶器、大理石雕刻、戒指和其他装饰品等随着商品贸易流

通到邻近地区，可类似
的遗物人们一件也没找到。而
且根据大陆漂移说，现有的大陆都
能巧妙吻合连接成一个完美的整体，这
样大西洲似乎又成为多余的了。

地质学家认为大西洋里是不可能存在着沉没的
大陆的。按照地质学说，在1.8亿年至2亿年前，南北美洲
与欧洲、亚洲、非洲是连在一起的整块大陆，之后，由于天体
引潮力的作用，熔融物质从地壳的一条巨大裂缝中涌出，它不
断推动大板块分裂开来。熔岩穿过海底裂缝从炽热的地球中心
向上涌出，在这个过程中，熔岩逐渐冷却变成岩石，堆积在两
边，新涌上的熔融物质不断堆积，造成岩石沿东西向不断延伸，
形成海底平原。由于冷却熔岩不断增长所产生的推力与天体引
潮力的共同作用，整块的大陆开始逐渐分裂，裂缝越来越大，
最终形成了今天的五大洲。从这种理论出发，那么大西洋里是
不可能存在沉没的陆地的。

目前，大西洲之谜仍然没有完全被人类解开，各种各样的
争论仍在不断进行，但结果并不重要，人类对未知事物强烈的
好奇心和执着顽强的探索精神才是永远闪耀的珍宝。

大西洲想象图

这是依据柏拉图的描述绘制的。

❶中心岛上有王宫与海神庙

❷内港

❸小环岛有运动区与庙宇

❹大环岛有赛马道与兵营

❺大港

❻运河

❼外城

❽外城城墙

❾海上运河入口

龙卷风成因
之谜

超级蜂窝式云

大多数风暴开始时像上升的蜂窝，期间被描绘成一个能量巨大的蜂巢。当空气流动加快时，就会产生巨大的引力将水卷入云层，飓风和龙卷风就是由这些"蜂巢"构成的。

当风暴云遇到干冷的气流时，就停止上升和伸展。

云层中含有大量的冰水混合物。

强大的引力将外层的云吸入气流中。

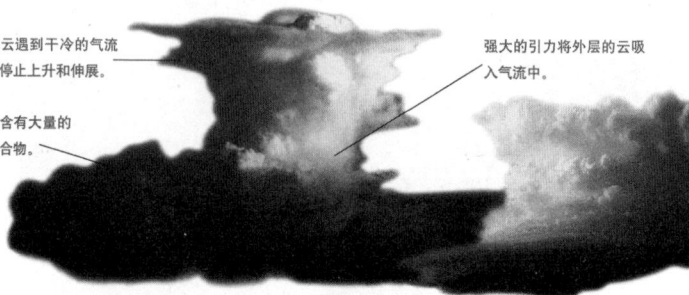

在美国俄克拉荷马州阿得莫尔市曾经发生过这样一件怪事：两匹马拉着一辆大车在路上行走，车夫坐在车上，由于天气闷热，他打起了瞌睡，突然一声巨响把他惊醒。睁眼一看，两匹马和一根车辕都已经无影无踪了，而自己和车子却是安然无恙。

俄克拉荷马州的一对夫妇也遭到了这种厄运。在 1950 年的一个晴朗的夏日，他们躺在床上休息。一声刺耳的巨响赶走了睡神。他们俩起来看一看，以为这声音是梦中听到的，于是重新又躺了下来。但是，他们忽然发现他们的床已被弄到荒无人烟的旷野，周围没有房子，没有任何建筑物，也没有牲畜。只有一只椅子还留在他们的旁边，折叠好的衣

一个龙卷风漏斗在雷雨云的下部产生。

因为吸入了大量杂物，龙卷风的颜色变暗。

龙卷风的力量逐渐消失，漏斗也变小。

龙卷风的生成与消失

1 云墙

这组图片清楚地展示了龙卷风形成的过程。龙卷风漏斗从雷雨云上降下，在其中心低压区，空气中的水分凝结成一个云拄。

2 低压漏斗接触地面

龙卷风经过了满是尘土的农场，当龙卷风的底部接触到地面时，漏斗变成几部分，因为旋风和上升的气流带起大量灰尘，龙卷风底部四周变得浑暗不清。

3 逐渐消失

因为龙卷风强大的吸力，许多物体被抛到了天空中，当龙卷风的力量消失时，这些东西渐落回地面上，最终龙卷风会收缩，回到产生它的雷雨云中。

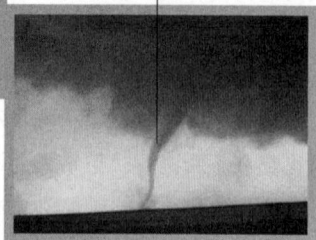

服仍好端端地摆在上面！据说这件怪事的罪魁祸首是龙卷风。

龙卷风是云层底部下垂的漏斗状的云柱及其伴随的非常强烈的旋风。文献上记载的下降银币雨、青蛙雨、黄豆雨、铁雨、虾雨，还有血淋淋的牛头从天而降等现象，都是龙卷把地面或水中的物体吸上天空，带到远处，随雨降落造成的。龙卷风中心气压极低，中心附近气压梯度极大，产生强大的吮吸作用。当漏斗伸到陆地表面时，把大量沙尘等物质吸到空中，形成尘柱，称陆龙卷；当漏斗伸到海面时，便吸起高大的水柱，称水龙卷或海龙卷。龙卷的袭击突然而猛烈，产生的风是地面上最强的。

在强烈龙卷风的袭击下，房子屋顶会像滑翔翼般飞起来。一旦屋顶被卷走后，房子的其他部分也会跟着崩解。龙卷风的强大气流还能把上万吨的整节大车厢卷入空中，把上千吨的轮船由海面抛到岸上。在美国，龙卷风每年造成的死亡人数仅次于雷电。它对建筑的破坏也相当严重，经常是毁灭性的。1925 年 3 月 18 日一次有名的"三州旋风"遍及密苏里、

龙卷风的漏斗从风暴云的顶端逐渐下降到达地面。

可怕的龙卷风

龙卷风的漏斗状空气旋转的时速可以达到 500 千米，这个毁灭性的旋涡通常有 2 千米宽，陆地表面的沙尘和物体被卷离地面后，或者抛在一边，或者随着旋涡旋转，直到风力停息，它们才落到数百公里以外的地面上。

旋转上升的柱状云

龙卷风难以置信的力量从这辆扭曲的卡车上表现出来，龙卷风以 400 千米／小时的速度卷起这辆卡车并将它猛甩出去，揉成一堆废铁后扬长而去。

当旋风经过地面时，扬起大量的灰尘和瓦砾。

正在旋转的旋涡

这是发生在美国佛罗里达州的龙卷风暴。当雷暴云形成并迅速释放出巨大的能量时，就会产生破坏力巨大的龙卷风，将海水抛向高空，同时伴随着强烈的闪电。

伊利诺伊和印第安纳三个州，损失达 4000 万美元，死亡 695 人，重伤 2027 人；1967 年 3 月 26 日上海地区出现的一次强龙卷，毁坏房屋 1 万多间，拔起或扭折 22 座抗风力为 12 级大风两倍的高压电线铁塔。龙卷风平均每年夺走数万人的生命。1970 年 5 月 27 日一个龙卷风在湖南形成后经过沣水，在沣水的江心卷起的水柱有 30 米高几十平方米大，河底的水都被吸干了。

龙卷风在世界各地都曾出现过，我国龙卷风不多见，而在美国、英国、新西兰、澳大利亚、意大利、日本出现的次数却很多。龙卷风在美国又叫旋风，是常见的自然现象。1879 年 5 月 30 日下午四时，在堪萨斯州北方的上空有两块又黑又浓的乌云合并在一起。15 分钟后在云层下端产生了旋涡。旋涡迅速增长，变成一根顶天立地的巨大风柱，在三个小时内像一条孽龙似的在整个州内胡作非为。所到之处无一幸免。最奇怪的是在开始的时候，龙卷风旋涡竟然将一座新造的 75 米长的铁路桥从石桥墩上"拔"起，把它扭了几扭然后抛到水中。事后专家们认为，这次龙卷风旋涡壁气流的速度已高于音速，其威力巨大。

把高于音速的龙卷风比喻为一个魔术师一点也不为过。1896 年，美国圣路易市发生过一次旋风，使一根松树棍竟轻易穿透了一块一厘米左右的钢板。在美国明尼苏达州，1919 年也发生了一次旋风，使一根细草茎刺穿一块厚木板，而一片三叶草的叶子竟像模子一样，被深深嵌入了泥墙中。但是十分使人不解的是关于麦蒂希布农妇谢莱茹涅娃和她儿子的事情。龙卷风将她、她的大儿子和婴儿吹到一条沟里，而她的次子彼佳被刮走不见影踪，直到第二天才在索加尔尼基市找到了他。尽管他吓得魂不附体，但丝毫未受损伤。令人奇怪的是，不是顺着风向吹，而是逆着风被吹到索加尔尼基市的。

尽管人们早就知道龙卷风是在很强的热力不稳定的大气中形成的，但对它形成的物理机制，至今仍没有确切的了解。有的学者提出了内引力——热过程的龙卷成因新理论，但是用它也无法解说冬季和夜间没有强对流或雷电云时发生的龙卷风。龙卷风有时席卷一切，而有时在它的中心范围内的东西却完好无损；有时它可将一匹骏马吹到数公里以外，而有时却只吹断一棵树干；有时把一只鸡的一侧鸡毛拔完，而另一侧鸡毛却完好无缺，产生龙卷风这些奇怪现象的原因更是令人莫测。

龙卷风的风速究竟有多大？没有人真正知道，因为龙卷风发生至消散的时间短，只有几分钟，最多几个小时。作用面积很小，一般直径只有 25 ～ 100 米，在极少数的情况下直径才达到 1 千米以上，以至于现有的探测仪器没有足够的灵敏度来对龙卷风进行准确的观测。相对来说，多普勒雷达是比较有效和常用的一种观测仪器。多普勒雷达对准龙卷风发出微波束，微波信号被龙卷风中的碎屑和雨点反射后重被雷达接收。如果龙卷风远离雷达而去，反射回的微波信号频率将向低频方向移动；反之，如果龙卷风越来越接近雷达，则反射回的信号将向高频方向移动。这种现象被称为多普勒频移。接收到信号后，雷达操作人员就可以通过分析频移数据，计算出龙卷风的速度和移动方向。为了制服龙卷，预测龙卷，人们正努力探索龙卷形成的规律，以解开这个自然之谜。

龙卷风过境

当龙卷风将旋转的气柱伸向地面，它中心的气压比正常大气压低几百毫帕，当气旋靠近建筑物时，建筑物内的空气向低气压区突然冲出，引起猛烈的爆炸。此图反映了美国佛罗里达州的一小城镇在龙卷风过后的狼藉景象。

世界科学未解之谜

35

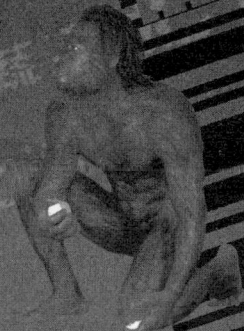

动物植物之谜

恐龙灭绝之谜　怪兽到底是什么？　爬虫　鲨鱼　本身　祭眠？　动物为何冬眠？　人间为什么会发生争　鸟类的祖先？　野人　是否存在　植物血型　食肉植物之谜

霸王龙是生活在侏罗纪时期的大型食肉动物，凶猛无比，有良好的视力和敏锐的嗅觉，坚硬的头骨能承受住以32千米／小时的速度与猎物相撞的冲击。牙齿非常锋利，能将猎物身上的肉整块地撕下来吃掉，被称为残暴的爬行动物之王。

在21世纪的今天，人类可以自然地说，自己是地球的主宰。可是，在遥远的远古时代，在地球上称王称霸的，却是当之无愧的巨无霸——恐龙。通过大量影视媒介的宣传，人们现在对恐龙已经都不陌生了，但是这种庞然大物为什么忽然在地球上销声匿迹了呢？这个问题一直在困扰着科学家们。

恐龙的发现也是近代科技发展的产物。1824年夏天，英国牛津郡的某个采矿厂的工人们发现了一个巨大的尖牙，这颗牙有3厘米的直径、9厘米长！这个东西引起了牛津大学教授巴克兰的注意。他首先断定这是一只动物牙齿的化石，然后它和已知的各种动物的牙齿作了比较。在大小上，它介于象牙和虎牙之间，但它比象牙尖锐，又不具备虎牙那种咬断、切开肉类的特点；在形态上，它很像爬行动物的牙，但又似乎比爬行动物的牙齿大得多。巴克兰把它与当时生存于南太平洋岛屿上的巨大蜥蜴作了比较，推断出这个牙的"主人"至少有9米长！他把这种动物称为"巨龙"，意为巨大的爬行动物。这是人类关于恐龙的最早的信息。

无独有偶，1822年，英国一个名叫曼德尔的化石爱好者，偶然在路边石缝中发现了一块化石，曼德尔认为它很奇特，便包好交给法国著名古生物学家居维业。但居维业对之没有给予足够的重视，认为它不过是某一种哺乳动物的化石。曼德尔平时对哺乳动物的牙齿颇有研究，居维业的鉴定并没有使他感到满意。于是他决定独自弄清楚这一化石的来历。功夫不负有心人，三年后，他终于鉴定出这一化石属于一种早已灭绝了的古代爬行动物，他将

恐龙在丛林和潮海边繁衍生息。

沙或泥沉积而成的岩层

恐龙的尸体落在河床里，逐渐腐烂。

骨骼随淤泥一起沉积在河床中。

恐龙的遗骨被淤泥所掩埋，避免了陆地食腐动物的侵蚀。

恐龙骨骼转变为化石，因为越来越多物质的沉积，化石埋入更深的岩层，在此过程中，化石可能会因挤压而扭曲。

地面下的细菌和食腐动物可能会继续破坏骨骼。

地下水中的矿物质改变了化石的成分。

恐龙化石的形成过程◇ 恐龙化石的形成是一个十分漫长的过程，往往伴随着地壳运动的演变，研究恐龙化石和地质运动可以了解恐龙生活的时代背景。

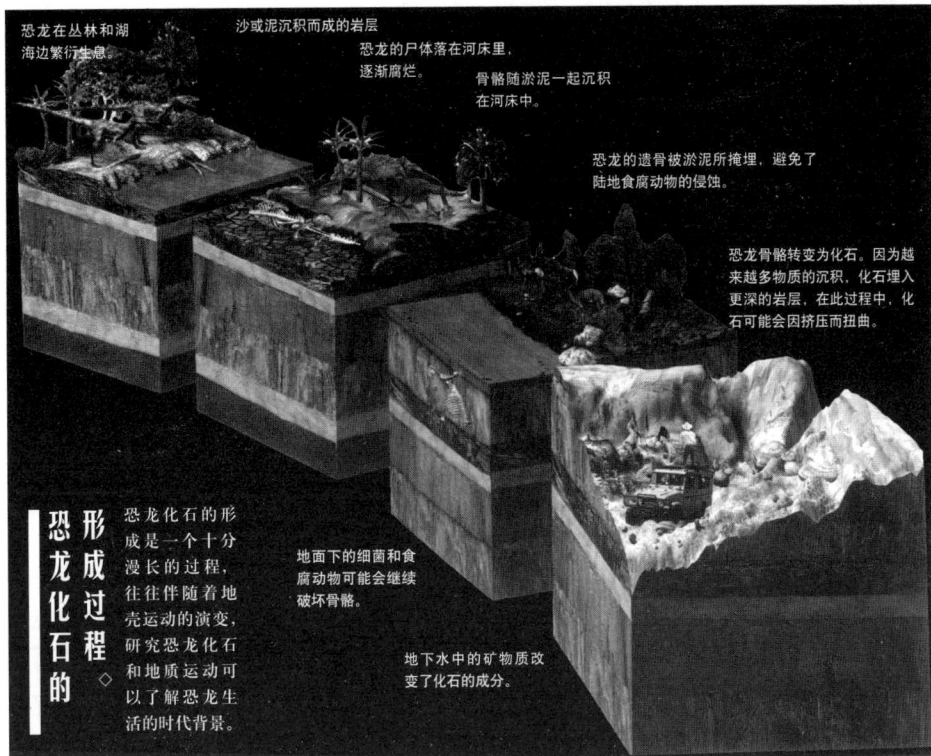

之命名为"禽龙"。巴克兰和曼德尔的成果一经发表，世界上立即兴起了寻找古代动物化石的热潮。于是，在欧洲、亚洲和北美等地，人们又陆续发现了许多奇异的爬行动物化石。它们大多相当庞大，面对这许多巨大的怪兽，英国另一位古生物学家欧文认为其模样也一定是相当可怕的，因而称之为"令人恐怖的蜥蜴"，其拉丁文学名为Dinosaur，现代西方文字中基本都用这个词，汉语译为"恐龙"。

现在人们所知的最早的恐龙大约出现于2.3亿年前的三叠纪地层中，最晚的恐龙生活在此期间6500万年前的白垩纪末期。科学家们认定，这种庞然大物在地球上生存了有1.6亿年之久。现在，关于这种至今人类

所知的最大的陆生动物，最使科学家们感到不解甚至震惊的是，在白垩纪末期，即距今6500万年，所有的恐龙，以及与之亲缘较近的翼龙、鱼龙、蛇颈龙等在较短的时间里突然灭绝，在新生代的地层中至今没有找到任何上述动物的化石。灭绝之快是如此的让人不可思议，人们不禁要问：为什么在地球上繁荣了1.6亿年之久的恐龙突然间走向了末日？到底是什么原因使之灭绝的呢？这就是所谓的"恐龙灭绝之谜"。从恐龙一发现起，古生物学家、地质学家、物理学家以及各方面的学者就一直试图解开这个谜。

最初，一些科学家依据达尔文的进化论，认为导致恐龙最终灭绝的原因是恐龙自身种族的老化，以及在与新兴的哺乳动物

暮色中正在进食的盐龙，盐龙庞大的身躯使得它们不得不每天花上十几个小时来进餐，盐龙通常高达15米以上，因而无论哪种植物都无法逃避盐龙的嘴。

的进化竞争中的失败。在几千万年前，正当恐龙称霸于地球时，出现了一种新兴的高等动物——哺乳动物。哺乳动物的体形当然无法与庞大的恐龙相比，可它们却依靠能够隔热和保温的毛皮和脂肪层、高度发达的大脑和非常高的幼仔成活率，成功地在地球环境变化中生存下来。而体形庞大的恐龙在这场残酷的生存竞争中失败了，它们只能退出生存的历史舞台。

还有一些生物学家则认为恐龙是由于慢性食物中毒才灭绝的。原来，为了保护自身的生存和繁衍，曾在中生代遍布全球的苏铁、辛齿等裸子植物，在自己体内产生了一些有毒的生物碱，如尼古丁、吗啡、番木鳖等。当一些食草恐龙吞入这些植物时，也就相当于吞下了"毒药"。由于食物链的关系，食肉恐龙也间接中毒。就这样，恐龙体内

的毒素越积越多。在毒素的侵袭下，恐龙神经变得麻木，直到最后整个种群都消失殆尽。

除此之外，还有氧气过量说、便秘说等，但这些观点都是纯粹从生物角度提出来的，现代科学家们认为，它们都有一个不足之处：生物学意义上的物种灭绝是需要一段极为漫长的时间的，而根据人们目前已经掌握的资料判断，恐龙是在距今大约6500万年"很短"的一段时期内突然灭绝的。因此，这些生物学假设现在备受冷落。

现在，越来越多的科学家支持是宇宙天体物理变化导致了恐龙灭绝这种观点。1979年，美国加州大学伯克利分校著名物理学家、诺贝尔奖获得者路易斯·阿尔瓦雷兹，提出了著名的"小行星撞击说"，为人类探讨恐龙灭绝之谜开辟了一条新的道路。

1983年，美国物理学家理查德·马勒、天文学家马克·戴维斯、古生物学家戴维·罗普和约翰·塞考斯基，以及轨道动力学专家皮埃

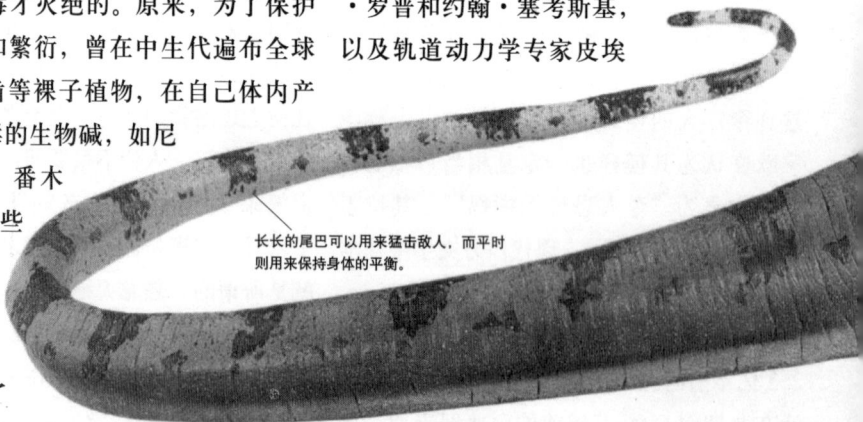

长长的尾巴可以用来猛击敌人，而平时则用来保持身体的平衡。

针叶树结有球果，盐龙和其他许多素食恐龙都非常爱吃这种果类。

•哈特等人，根据各自的研究，共同提出了"生物周期性大灭绝　　假说"，也叫"尼米西斯假说"。他们认为，地球上类似恐龙消失这种"生物大灭绝"是周期性发生的，大约每隔2600万年会在地球上上演一次。这是因为，银河系中的大多数恒星都属于双星系统，太阳当然也是如此，它有一颗人类从未见过的神秘伴星——"尼米西斯星"。"尼米西斯星"大约每隔2600万～3000万年，就会从太阳系的外围经过。受其影响，冥王星周围飘荡着的近10亿颗彗星和小行星就会脱离原来的轨道，组成流星雨进入太阳系，其中难免有一两颗不幸撞击或者落在地球上，使一些生物遭到灭顶之灾。

　　还有一些科学家认为，是太阳系在银河系中的"死亡穿行"引起了恐龙的灭绝。太阳系围绕着银河系的中心旋转，旋转一周得需要2.5亿年时间。由于受从中心释放出的强烈的放射性物质的影响，在银河系的一部分地区便形成了一块"死亡地带"。在距今6500万年至7000万年前，太阳系刚好穿行于这个"死亡地带"中，所有的地球生物因此都受到放射性射线的袭击，恐龙也惨遭灭顶之灾。

蕨类植物高矮不一，矮的很矮，高的则像大树一般。

盐龙以苏铁类植物为食。这类植物现在仍生长在气候炎热的地区。

盐龙

　　盐龙曾经是陆地上最大的植食性恐龙，脑袋很小，全长26～27米，颈长6～7米，体重约有10多吨，他们在吃植物的同时，也吞下一些石块，以帮助它们磨碎食物，这是因为它们吃食物时从不咀嚼而直接吞下，从而增加了胃的负担。

粗壮的脚支撑着盐龙的巨大身体。

盐龙的脚扁平，脚上长有肉掌，很像大象的脚。

巨喙翼龙

和所有的翼龙类一样，它的翅膀由延长的第 4 趾支撑起。趾上的 3 指相当大且有爪，可以用来攀岩爬壁。翅膀由肌肉、弹性纤维和皮肤构成，最早出现在三叠纪，在侏罗纪末期灭绝。

另外，一些科学家提出，人们根本无法看见的宇宙射线才是引起 6500 万年前这场灾难的罪魁祸首。苏联科学家西科罗夫斯基认为是太阳系附近一颗超新星的爆发导致了恐龙的灭绝。据科学家们计算，刚好距今 7000 万年前，就在距太阳系仅 32 光年的地方，发生了一次非常罕见的超新星爆发。爆发释放出巨大的能量以及许多宇宙射线射向了整个宇宙，包括地球在内的整个太阳系都未能幸免于难。地球的臭氧层和电磁层完全被强烈的辐射摧毁了，地球上所有的生物都陷入了这场"飞来横祸"之中。在宇宙射线的侵蚀下，就连庞大的恐龙都几乎完全丧失了自我防御的

陆生恐龙和巨大的海洋爬行动物大约在 6500 万年前灭绝，地球当时可能受到巨大陨石的撞击，太阳被灰尘遮掩，导致了一个"漫长的冬季"，于是植物死掉了，大部分以植物为食的爬行动物以及以爬行动物为食的动物也相继灭绝了。然而这只是恐龙灭绝的几种理论之一。

能力，只能任凭自己的躯体慢慢坏死，最后，在折磨中痛苦地死去。幸存者只是那些躲在洞穴或地下的小型爬行动物和哺乳动物。

　　但有人也提出，这场灾难是由地球本身的改变造成的，并非完全来自天外。科学家们发现，地球约每 20 万年就会发生一次地磁磁极反转的现象。在这个可能长达 1 万年的过程中，地球上的恐龙因不适应这种情况的变化而逐渐消亡，然而为何至今还有许多大型的动物存在着，这个现象至今不能得到圆满的解释。看来，这些观点都无法圆满地解答恐龙灭绝之谜，人类暂时还无法证实或是推翻这些"推断"和"假设"。

到了侏罗纪末期，也就是大约 1.4 亿年前，几乎所有的巨型植食恐龙都灭绝了，那些非常高大的植物也随之消失，而一些较小的恐龙如禽龙开始出现，禽龙的生存能力相对来说较强，尽管最终它们也灭绝了，然而它们却比巨型恐龙多生活了 7000 多万年。

禽龙的身躯矮而粗壮，当它走路时，大部分时间身躯是与地面平行的。

禽龙的森林栖息地里长满了巨大的树蕨及针叶树，而开花植物，比如木兰树此时还在进化中。

禽龙有力的前肢能接触到地面，末端出现了三个趾用来分担支撑体重，这种特征表示禽龙是以爬行方式前进的。

尖尖的喙状嘴把食物咬下来，然后由牙齿把食物嚼碎，同时其巨大而多肉的颊囊能把多余的食物含在口里，以节约用食的时间。

科学家一度认为禽龙的尾巴过长而拖在地上，但现今的研究结果表明事实并非如此，禽龙脊椎骨的结构使它的尾与地面平行向后伸展。

目前，从对世界各地的化石研究发现，科学家普遍认为恐龙是鸟类的祖先。把鸟类称之为"活着的恐龙"或是"会飞的恐龙"。但是恐龙如何脱离地面演化成蓝天中的精灵——鸟类？演化的具体环节是什么？这些问题却一直是个谜。

目前，关于鸟类起源的化石资料并不是很多。因为鸟类的骨骼脆弱，又是在天空飞的，形成化石的机会很少。世界上已发现的原始鸟类的化石只有5例。这5例原始鸟类化石距现在已有1.5

亿年了，都是在德国巴伐利亚州的石灰岩层中发现的。这些化石被证明为始祖鸟。这些化石有与现代鸟类相似的特征。如在化石上有清晰的羽毛印痕，而且分为初级和次级飞羽，还有尾羽。它的前肢进化成飞行的翅膀，后足有4个趾，三前一后；锁骨愈合成叉骨，耻骨向后伸长等等。但奇怪的是，化石上还具有和爬行类极为相似的特征，它的嘴里长着牙齿，翅膀尖上长着3个指爪；掌骨和趾骨都是分离的，还有一条由许多节分离的尾椎骨构成的长尾巴。经研究证明，它是爬行类向鸟类过渡的中间阶段的代表，所以被称为"始祖鸟"。据测定，始祖鸟最小飞行速度是每秒7.6米，它可以鼓翼飞行，但不能持久。始祖鸟是怎样从地栖生活转变为飞翔生活的呢？

对于这个谜，一百多年来，学术界一直存在着两大推论：树栖说和地栖说。树栖说认为飞翔是由栖息在树上的生物借助重力，经过一个滑翔阶段形成的，而地栖说则认为，居住

始祖鸟的第一块化石，于1860年在德国巴伐利亚的索冷霍芬一个采石场发现。这块化石的原始所有人，以700英镑的价格卖给大英博物馆。第二副骸骨在1877年发现，最初由一位精明的收藏家以140马克买到，他立刻转手卖出。由于物以稀为贵，他卖给柏林大学洪堡博物馆的价格是2万马克。

在地面上的生物在用力奔跑的过程中学会了飞翔。

一直以来，地栖说在学术界占有主导地位，与树栖说相比得到更广泛的认可，更容易被人接受。美国蒙大拿大学生物飞行实验室的肯·戴乐教授发现一些幼鸟在爬坡时拍打翅膀，帮助它们向上爬。基于这一发现，他推测鸟类的祖先在奔跑的同时拍打翅膀，从而学会了飞翔。

中国科学院古脊椎古人类研究所的徐星博士认为，从逻辑上来讲，戴乐教授所支持的地栖说是可行的。他说："对恐龙的行为研究表明，恐龙是典型的生活在地面的奔跑型动物。通过对化石的研究可以推测恐龙在奔跑的过程中演化出飞行需要的一切结构，并且能够达到起飞所需要的速度。有很好的模型和数据可以描述这一过程。"

但是，他又说："戴乐教授的推测是很冒险的。我们是在用现代的眼光来推测古代的行为。古代行为产生的原因很多，我们并不知道。（地栖说）从生物力学的角度来说是可行的。"

令人困惑的联系

科学家强调尾羽龙、象鸟的特征要求它有一个倒转的大脚趾，并且在走路时像鸟一样用肌肉来回拉动双腿。但是有些科学家认为目前这两种推测都未经证实，并重点指出某些细节表明它并不是鸟形恐龙。比如说它的耻骨向前伸，但它的嘴、尾骨和其他髋骨则暗示尾羽龙与窃蛋龙恐龙较接近。

尾羽龙大约 70 厘米高，生活在白垩纪早期的森林里，吃植物，有时可能也吃小型动物。它的化石发现于东亚地区。

始祖鸟化石

属于距今 1.5 亿年前的侏罗纪，发现于德国巴伐利亚。始祖鸟是进化的中间环节，还有爬虫的一些特征（牙齿、爪、长尾），但也有鸟类的翅膀和羽毛。这些都显现于这块化石上。

孔子鸟

孔子鸟是一种像喜鹊大小的鸟，生活在白垩纪早期的中国，大约 120 万年前。它们栖息在树上，吃植物，成百只共同生活繁殖。其中一些鸟大概是雄性，有华丽的长尾羽，这或许只是用来炫耀的装饰。另一些鸟则只有短而粗的尾羽。孔子鸟的飞行能力较始祖鸟强，显示出一种发展过渡期间的特征。

它的爪、扁平的胸骨、腕、臀部和腿部让科学家们想到始祖鸟；显现的进化的特征则有：较深的胸腔，角质无牙的嘴，融合的骨形成的尾骨。一些科学家把孔子鸟归为尾综骨鸟目类。

没有牙齿的嘴覆盖着一层坚硬的角质鞘。

每一翅上都伸出三个带有弯曲利甲的指。

尾羽从合并在一起的尾骨上长出。

大脚趾同现代鸟一样倒转生长。

雄性拥有两根长而艳丽的尾羽。

飞行羽长而致密，非常适合强劲的飞行。

　　虽然大家都赞成鸟类是从恐龙演化而来的，有人预测一些恐龙长着羽毛，但是在此之前从来没有人发现过化石证据。相反，许多化石证明恐龙长着鳞片，像爬行动物一样。科学家们希望发现恐龙身上的鳞片是如何变成羽毛的，恐龙身上是否有羽毛。世界上已经命名的恐龙一共有 1200 多个属，但其中很多是无效的，目前得到认可的恐龙大约有 300 到 400 属。在中国，除了海南、福建和港澳台地区外，其他地区都发现过恐龙化石，从化石的数量和种类上看，云南、四川、新疆、内蒙古、辽宁的恐龙化石资源最为丰富。尤其是近年来辽宁的化石发现正在使我国成为世界恐龙研究的中心。1996 年以来在辽西连续发现了"中华龙鸟"、"原始祖鸟"、尾羽龙、北漂龙、中国鸟龙、小盗龙等恐龙化石，这些化石都表明恐龙长着羽毛，有的是原始羽毛，有的是现代羽毛。

　　相对于地栖说，树栖说也有自己的优势。与滑翔或飞行相关的动物几乎都生活在树上，比如蝙蝠。一般来说，飞行动物祖先的身体结构还不会完全适应飞行，因此飞行最初借助重力更容易。徐博士和同事的论文就为这一观点提供了新的证据就是在中国辽西发现的四翼恐龙化石。他们认为，鸟类的祖先最先利用重力学会了滑翔，然后才有了鸟类的拍打飞行。从恐龙前后肢上羽毛的形态和排列方式来看，它们与鸟类的翅膀完全相同。

加州大学柏克利分校的帕丁教授评论说："这一发现的潜在重要性和始祖鸟一样。"英国里兹大学的进化生物学家瑞讷博士称，四翼恐龙是始祖鸟之后在鸟类演化研究领域最重要的发现，但是，现在只有顾氏小盗龙一种恐龙可以证明四个翅膀的滑翔阶段是向鸟类进化的必经阶段，要想在演化树上代表一种必经阶段还需要有其他的恐龙化石予以佐证。

也有些科学家提出四翼恐龙化石可以用其他方式进行解释，也就是说，四个翅膀不一定是恐龙向鸟进化的必经阶段，也许只是进化过程中的一个旁支。

但并不是所有的科学家都对徐星等人所做出的推论表示认同。美国芝加哥大学的保罗·塞里诺教授认为只有找到腿上长有羽毛的其他恐龙的化石之后才能肯定小盗龙（中国四翼恐龙）代表了鸟类进化过程中的必经阶段。

推测和事实相比，我们更加相信科学。

这种巨大的食肉动物秦坦鸟是恐鸟或恐怖鹤。它们生活在南美洲，几乎不会飞行，作为食肉动物它们处于食物链的顶端长达百万年之久，堪与哺乳动物匹敌。这种动物站立时大约 2.5 米高，有一个巨大的头，坚硬强壮的钩形嘴，长腿和锋利的脚爪。秦坦鸟属于最后的恐龙，大约 300 万年前，当大陆还连接着时，它们穿过巴拿马地峡进入北美。它们可能在平原上狩猎。

泰坦鸟可能有一个装饰性的羽冠。

鸟鼻与坚硬、锐利的钩形上喙。

下喙比上喙小得多。

支撑着头的是一个长脖子。

皮　骨

爪子有能力抓住捕获的猎物。

爪

这是一段风干的澳洲恐鸟的脚爪，分析其上剥离的组织碎片，可以发现它们与已灭绝了 1500 万年的不能飞行的巨鸟间的联系。2001 年科学家证明新西兰恐鸟（身高超过 3.5 米）同马达加斯加巨象鸟以及现在仍存活的南美鸵鸟、非洲鸵鸟、澳大利亚鸸鹋具有相同的祖先，都属平胸鸟类，所以在 7000 万年前，海水还没把各大洲完全分开前，平胸鸟类肯定就已通过各大洲的连接处分散繁衍开来。

三趾是很强壮，可以给敌人致命一击。

从上述的内容中，我们可以知道，尽管科学家们目前认为恐龙是鸟类的祖先，但是还没有足够的证据来证明这一点。鸟类的祖先是否为恐龙还有待于推敲。

锐利的爪，被抓到会受重伤。

是否存在"野人"？

Do "uncivilized men" exist?

千百年来，关于"野人"的记载，在许多的历史古籍中都出现过，而且还有许多的人坦言目击过"野人"。"野人"既是古代神话和民间传说的题材，也是自然科学的研究对象，人类揭示了很多的真理，但是"野人"之谜至今仍未揭晓，现有的我国和世界研究"野人"的状况、材料、证据，让科学家们既不能肯定也不能否定，它仿佛是一个"半睡半醒的梦"。

人类持之以恒地探索"野人"的问题，是因为"野人之谜"地揭开将对研究人类的起源具有重要的科学价值。无数考察人员、科学工作者和人民群众，为了披露"野人"的秘密，有组织地或自发地进行了长期而艰苦的努力。

中国是世界上传闻"野人"比较多的国家之一。"野人"在我国流传的历史大约有3000多年。有人考证，在世界上有关"野人"最早的传说，是我国古代的《周书》。《周书》中记载说，周成王曾抓到过"野人"。在比《周书》稍晚的《山海经》中，也出现过"野人"的记载。

尽管关于"野人"的记载出现得很早，但是对于"野人"的研究却是近几十年的事。我们所谓的"野人"究竟是怎么来的呢？

埃德蒙·希拉里爵士得到的雪人头皮和指骨。很多居住在喜马拉雅山区的农民都说曾经见过雪人，然而科学家在鉴定之后更倾向于羚羊骨头。

雪人脚印

人们在亚洲的其他山脉上也见到过雪人的脚印——不只在喜马拉雅山区。这幅照片上的雪人脚印是朱利安·弗里曼·阿特伍德在蒙古的一条冰川上看到的。阿特伍德特意在脚印旁放一把冰斧以示大小比例，这幅照片使人们更加留意传说中的雪人。有些科学家说雪融后，足迹变形和扩大，但是他们无法指出哪种已知的动物能有这样的脚印。

人类学家格洛伐·克朗兹拿着据说是大脚板的42厘米的脚印石膏模型和他自己的30厘米的鞋底作比较。克朗兹从石膏模中推断那只脚的骨骼结构和人类不同——他认为那样的结构才能承受有大脚板那样巨型动物的重量。

在我国明清两代编纂的湖北《房县志》中，多次提到在房县一带有"毛人"出没的传闻。这种"毛人"身材高大，满身是毛，并且经常"食荤"，"时出啮人鸡犬"，《房县志》中所描绘的"毛人"的子孙或许就是现今传疑的"野人"。但是还有的人认为，这种说法是毫无科学性的，他们认为，"野人"是人类远祖腊玛猿或南猿残存下来的后代，也有人认为它是人猿科范围的生物，更有可能是在中国南部地区繁盛的巨猿或褐猿残存的后代。

我国对于野人的考察也进行了多年。在刚刚解放的时候，国家组织了对野人的大规模的考察，虽然历尽千辛万苦，但是却没有得到令人满意的结果。

1959年的5～7月，我国派出的考察队在西藏进行了调查，

罗杰·柏特逊1967年拍到的雪人片段◇

片中一只巨型的长毛动物在加利福尼亚一条小河的河床旁大步跳跃向前跑。专家们虽然判断这段影片并无假造的迹象，但柏特逊未能提供重要的技术资料——他拍摄影片时采用的速度。若有这项资料，分析工作就可以更方便准确。

在这个镜头中，在大约40米远处，"野人"似乎有意地回头望了镜头一眼，研究人员估计这生物身高约1.8米，体重约127公斤。

据说曾获得了一根"雪人"的毛发，长16厘米，经过显微镜的检定，认为它和猩猩、棕熊、牦牛的毛发在结构上都不相同，但是也没有办法证明它就是"雪人"的毛发。

1961年，传说在西双版纳的一个筑路工人击毙了"野人"，据说这个"野人"身高在1.2～1.3米之间，全身覆盖着黑毛，能够直立行走，手、耳、乳等都和人类相似。但是，经过中科院有关单位的考察没有获得直接的证据。有人认为，传说中的"野人"有可能是生活在原始森林中的长臂猿。

1977年中科院组织考察队对鄂西北、陕南地区进行了为期一年的考察，但是只是获得了一些疑为"野人"的脚印、毛发和粪便，并没有找到关于"野人"真实存在的证据。

在欧洲，关于"野人"的文字记载开始于12世纪，进行形象的描述却开始于13世纪中叶。1820～1843年，英国派驻尼泊尔的驻扎官霍布森首次在西方的文献中提到"野人"。1953年，英国的约翰·亨特勋爵曾经率领探险队到珠穆朗玛峰地区考察"野人"的踪迹。他确信有"野人"的存在。他在一本关于"野人"的书中写到，"我相信有'耶提'，我看到过他们的足迹，听到过'野人'的喊叫声，还吸取过当地有声望的人提供的第一手资料……这些证据迟早会起作用，使那些持怀疑看法的人放弃成见。"

但是，仍然有人对于亨特勋爵确信有"野人"存在的证据——那些印在雪

这是美国华盛顿州的一名森林巡逻官在执勤时拍摄到的野人照片。当时"它"正在水边玩耍，看到人也很吃惊。但这些照片是否真实，专家们仔细考察后仍无结论。

雪人似乎很善于在冰冷的雪山上独自生活。（这张照片上的雪人不是真的——它是个模型。）

地上的脚印，表示了不同的看法，认为那些脚印不过是印度的朝圣者们留下的。因为这些不穿衣服的苦行僧们在西藏很少见，他们住在高山的洞穴中，依靠瑜伽功来抵御严寒。修炼的地方离住处是很远的，所以，这些僧人留下的脚印，很可能就被登山运动员发现，误认为"野人"的脚印。

随着科学技术的发展，世界各国关于"野人"的研究已经不仅仅是局限于目击者的表述，而是采取了一些科学的手段。1972年，一位加利福尼亚州的记者艾伦·贝利，用录音机录下了一段"沙斯夸之（流传于美国北部的野人）"的叫声。录下来的叫声听起来音域很广，有些像人的声音，又有些像口哨的声音，通过对磁带的研究，从音调的范围和呼叫的长度上看，可以得出这个动物的发音系统比人的发音系统宽广得多的结论。

无独有偶，在1978年的9月，一位妇女开着小车在俄亥俄州西边的一个地方，与3米多高的野人相遇，并且录下了他的声音。他的声音听起来像狗叫，又好像是人在痛苦的时候的叫声，很难听。经过专家的鉴定认为，这种声波的范围属于动物，不是机械声或人声，有可能是一种灵长类动物的叫声。

到目前为止，现有的资料还不能证明"野人"的存在，但是关于"野人"的传说和资料又找不到可以否定的依据，所以，"野人"的存在与否仍然是一个未解之谜。但是我们相信，随着时间的推移，"野人"之谜终究会被人们揭开的。

植物血型之谜

人体血液成分示意图

血管壁
血浆
白细胞
红细胞

我们都知道，人类和动物的血液有不同的类型，科学家们将其称为"血型"，不同的人血型是不相同的，目前已知道的人类血型有四种类型，即 A 型、B 型、AB 型和 O 型。对于血型的区分可以避免在给病人输血的过程中，由于血型的不吻合发生危险。不仅人类的血型不同，动物的血型也是不相同的，这一点已经得到了科学家的证实。然而，令人感到惊奇的却是，人们发现植物也有血型。植物既没有红色的血液，又没有红细胞，怎么会有血型呢？这个消息立即引起了科学家们的研究兴趣，纷纷要揭开植物血型的秘密。

大家知道，人和一些动物的血液呈现红色是因为里面有红细胞，在红细胞的表面有一种特殊的抗原物质，是它决定了血液的类型（即血型）。但是植物没有红色的血液，也没有红细胞，为什么会有血型呢？

日本警察研究所的法医山本茂最早提出植物具有血型。他对植物血型的发现源于一起凶杀案，在侦查案件时，他在一点血迹都没有的现场，发现在一个枕头上竟有微弱的 AB 型反应。为了弄清事实的真相，他对装在枕头里面的荞麦皮进行了血型的

银线德利龙血树

据说"龙血树"能够分泌一种像血液一样的红色树脂，这种树脂被大量应用于医学和美容。

云杉

据说杉树也有一种"流血"的本领，在威尔士有一株700多年的云杉，树干上有一条2米多长的裂缝，里面长年流出一种像血液一样的液体，引起科学界的注意。

鉴定，鉴定的结果却让他大吃一惊：荞麦皮显示出 AB 血型的特征。山本茂随后又对 150 种蔬菜、水果以及几百种植物的种子进行了实验检测，结果显示有 79 种的植物有血型反应。在这些植物中，大多数的血型是 O 型，其余为 AB 型、B 型。进行了大量的实验后，山本茂在世界上首次宣称：植物也有血型。他还认为，在植物的血型中，O 型是最基本的类型，B 型和 AB 型是从 O 型发展而来的。

后来，世界上的许多科学家对植物的血型进行了研究。科学家通过研究发现，植物体内有和人类很相似的附在红细胞表面上的血型物质，即血型糖。人体的血型是由血型糖来决定的，O 型血、A 型血、B 型血，分别由岩藻糖、N- 乙酰 -D- 半乳糖、D- 半乳糖所决定。植物体内也有和人类这些血型物质相同的东西，其中在红色果实的植物中数量最多。科学工作者还发现，大多数植物的种子和果实都含有血型物质，并且植物的血型物质在果实成熟和发育过程中，从无到有逐渐增多，到发育成熟后，血型物质便达到最高点。

植物体内血型物质的发现，不仅为植物的分类测定、细胞

内质的网状结构形成和储存化学物质。

高尔基体汇集了细胞生产出来即将输出的物质。

核细胞

叶绿体进行着光合作用。

相邻细胞间的通道

充满液体的液泡扩张着，向细胞壁施加压力。

富有弹性的细胞壁维持着细胞的形状。

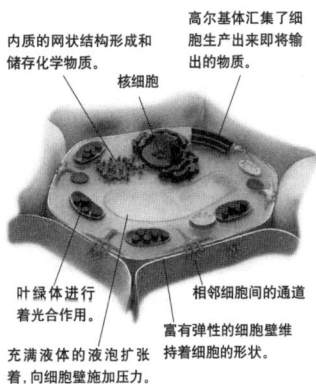

植物细胞模型

融合、品种杂交等提供了新思路，还可为案件的侦破提供方便。举例来说，通过对被害者胃里食物的检测，确定食品的类别，可以为侦破案情提供线索。

现在人们已知道，大多数的生物机体内部有血型物质，氨基多糖和蛋白质是决定血型的抗原性的基本物质，不同种生物血型物质是不同的，即使是同种生物，血型物质也不相同。这是由于各种氨基多糖的差别很大，结构也不稳定，导致血型物质种类很多。

对于生物界存在血型物质的原因，目前还不十分清楚。但是，科学家对血型物质的作用目前有几种不同的看法。有的科学家认为血型物质起一种信号作用。比如，通过实验发现，生物体内的糖链合成达到一定长度时，在它的顶端就会形成血型物质，然后合成就停止了。有的科学家认为，植物的血型物质，具有贮藏能量的作用；更有的科学家认为植物的血型物质的黏性大，似乎担负着保护植物体的任务。

虽然目前还没有全部揭开植物血型之谜，但是已开始在侦破案件中应用。据报道，在日本中部地区的某县发生了一次车祸，肇事司机把一名儿童撞伤后，开车跑掉了。后来警察发现了这辆汽车，对车轮子上的血型进行验证后发现，除了有被撞儿童的 O 型血外，还有 B 型血和 AB 型血。当时警察怀疑，这辆汽车除了撞伤这位儿童外，还撞伤或撞死过其他人，但司机只承认撞伤了那名儿童，不承认还撞过其他人。后来经过科学研究所的验证，原来其余两种血型是植物的血型，这样才使案件得到正确处理。

现在日本已研究出了检验荞麦、胡萝卜等一些植物的抗血清。山本茂等人声称，一旦有了已经确定血型的植物的全部抗血清，就能准确地判断植物的种类，这样，利用植物血型侦破案件的时代就将到来。

现在，对植物血型的探索还只是刚刚开始，植物体内存在血型物质的原因以及血型物质对植物本身有什么意义等问题，需要科学家们去进一步研究和探索。随着研究工作的不断深入和发展，人们也将会揭示出植物血型在其他方面的广泛用途。

虎斑龙血树

植物纤维中潜藏着植物血型的区别内因。

解读 植物自卫 之谜

Reveal the secret of plant's self-defence

大自然中的病菌、昆虫和高等动物，无时无刻不在向植物进行侵袭，然而，地球上的绿色植物却仍然占绝对优势。有些科学家认为，这是植物在长期的演化过程中，形成了保证物种生存的防御措施——自卫。然而，有些人认为，自卫是一种有目的的反应，它需要神经系统作出判断，需要一种意识活动，而这两点都是植物所不具有的，因而，植物根本就不具有自卫的活动。但是，如果说不存在植物自卫，那么。在自然界所发生的下面一些情况又如何解释呢？

1970年，阿拉斯加原始森林中的野兔繁殖发展非常迅速，它们啃树的嫩芽，破坏根系，严重威胁森林的存在，人们想方设法消灭野兔来保护森林。然而，各种方法都收效甚微。眼看

展开时的叶片

闭合时的叶片

当动物触到含羞草时，它的叶片会合上。

闭合叶片

含羞草的叶子根部有特殊的注满水的"铰链"，如果叶子被触动，水就从"铰链"中流出，"铰链"关闭，叶片即会闭合。当它不再被碰触时，水又慢慢流回叶子基部，叶片即会再度展开。

大量森林就要遭到毁灭，这时，野兔却集体生起病来，短短几个月内，野兔的数量急剧减少，最后在森林中消失了。野兔为什么会自己消失了呢？科学家们发现，森林中所有被野兔咬过的树木，在它们新长的芽、叶中都产生了一种叫萜稀的化学物质。就是这种物质使野兔生病、死亡，最终被迫离开森林。

1981年，类似的情况在美国又发生了一次。一种叫舞毒蛾的害虫把东北部的大片的橡树林的叶子啃得精光。美国有关部门束手无策。但奇怪的是，一年过后，这种害虫全部消失了。大森林又重新恢复了生机。

一些科学家通过对橡树叶子化学变化的分析，发现这样一个秘密：橡树叶子在遭受舞毒蛾破坏之前，含有很少量的单宁酸，但在害虫咬过之后，叶子中的单宁酸的含量迅速增加。恰恰是这种单宁酸跟害虫胃里的蛋白质非常容易结合，从而使这些叶子难以被消化，导致了舞毒蛾的最终灭亡。

通过这两件事，一些科学家就认为：植物是能够进行"自卫"的。接着很多的科学家对此进行了大量的研究。科学家发现，植物的自卫措施真

植物的"武器"

植物用针或刺来保护它们的叶子不被饥饿的动物吃掉。有些植物上的刺是弯曲的，在动物咬食叶子时，植物的刺可以刺入动物的嘴里并突然断掉，留下断刺使动物长时间疼痛。这种防御对于那些小而易接触到的嫩植物来说非常重要。当植物长大了，它们的"软茎"变得坚硬如柴，刺或针就会自行消失。

这种香槐幼小时有坚硬的刺，长大后刺脱落变成硬皮。

奥瓦迪树长长的刺使动物不能伤害它的短叶子。

驱虫剂

许多食草昆虫很小，可以在刺、针间活动。为了不让昆虫靠近，植物生出许多微小的茸毛，这些"聪明"植物的叶子被成千上万的茸毛覆盖着，可以阻止昆虫到达叶子表面。有些茸毛尖端有黏液，昆虫一旦粘上即会很难动弹。

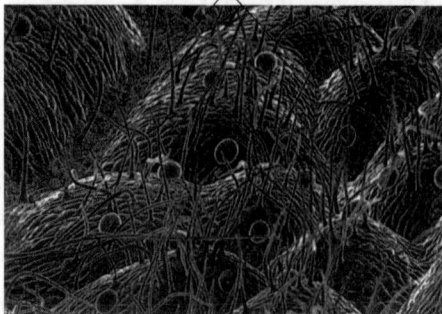

放大了的叶子上用于驱逐昆虫的茸毛

从切断的大戟茎中渗出炽热的树液。

刺毛覆盖着荨麻的叶子和茎。

炽热的树液

像动物一样，许多植物通过化学物质使自己不好吃或吃起来很危险。一些植物的叶子上含有一种刺激性气味的油，另一些植物还含有剧毒树液。大戟植物产生一种具有烧焦气味的浓厚得像牛奶一样的树液，迫使大多数动物远离它们。

荨麻上一根刺的放大图

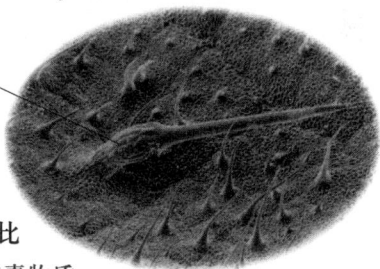

是多种多样。有些是保护植物免遭一切危险；有些则是有效地对付某些"敌人"；有些防御手段仅使"敌人"反感；而有些手段则是伤害那些企图侵害它的动物。比如，许多植物都含有各种化学物质，有些生物碱类的有毒物质，对抵抗动物侵害有很强的威力。如马利筋和夹竹桃，都含有强心苷，可以使咬食它们的昆虫肌肉松弛而丧命。丝兰和龙舌兰含植物类固醇，可使动物红细胞破裂。一些金合欢植物含有氰化物，能损坏细胞的呼吸作用；漆树中含漆酚，使人中毒，被称为"咬人树"；有些植物体则是在受到侵害后，通过化学变化，体内产生抵抗害虫的物质。更令人惊奇的是，当柳树受到毛虫咬食时，不但受到毛虫咬食的柳树会产生抵抗物质，而且3米之外没有受到咬食的相邻的柳树也会产生出抵抗物质。

有的植物虽不含毒素，但是在它们体内却含有的某些物质，使它们成为不受动物欢迎的植物。如橡树叶子含鞣质，能与蛋白质形成一种络合物，降低了叶子的营养价值，昆虫也就不爱吃了。某些植物或苦或酸，多数动物尝过后就不再问津。气味不佳的有毒植物，如水毒芹和烟草，草食动物闻到难闻的气味后便去别处觅食了，从而也保护了草食动物。千紫杉、万年青

有毒的刺

带刺的荨麻被像针一样的毛覆盖着，它能刺穿碰着它的动物。在每一根毛的根部都有充满毒素的孔，当毛的尖端断裂时，毒素就喷到动物的伤口上，引起剧烈的疼痛。

西红柿会分泌一种叫作阻化剂的化学物质以抵制害虫的侵袭，因而不易生害虫。

蜜腺成了樱树招镖护卫的本钱。

另外有些植物还可用花朵的气息、自身的毒毛等本领驱除前来侵犯的敌人。有的植物身上的毛虽然无毒，但却能阻止一些害虫的啃食和产卵。如臭虫爬上蚕豆叶面时，就会被一种锋利的钩状毛缠住，动弹不得而饿死；棉花植株的软毛能排斥叶蝉的侵犯；大豆的针毛能抵制大豆叶蝉和蚕豆甲虫的进攻，多毛品种小麦比少毛品种更不宜叶甲虫的成虫产卵和幼虫食用。

科学家还发现，植物分布的地理环境也决定其防御武器的形式。如生长在干

像这种浑身长刺的花朵，在以鲜亮的色彩吸引鸟类来传播花粉的同时，也警告那些小动物：不要靠近我！

等植物能产生蜕皮激素或类似蜕皮激素的物质，昆虫食后，造成发育异常，早日蜕皮或永葆幼虫而无法繁衍后代。

采用外部的形态进行自卫的植物占植物总量的大多数。如皂荚树等植物，树干和枝条上都生有许多大而分枝的枝刺，连厚皮的水牛都不敢碰它一碰。"玫瑰虽好刺太多，有心摘花又怕扎"，正是这些刺保护了植物。栓皮栎和软木栎的树皮上都有一层厚厚的木栓层，这是它们的"防弹衣"。桃核等核果的核坚硬如石，有保护种子的作用。

樱树叶柄上的蜜腺，分泌甜汁，喜欢吃此甜汁的蚁类常徘徊于枝叶上，而毛虫类害虫因害怕蚁的攻击而不敢去侵犯树木。

燥和干旱地区的植物，一般都具有保护并帮助植物贮水的针状叶。对这些植物来说，防御动物的侵害尤为重要，因为这里缺少动物可以为食的其他植物。各种奇异的自卫措施，使许多植物种类保持了自己种族数量的稳定。

但是有些科学家仍然反对植物具有自卫能力这种说法，他们认为以上的情况只是植物的一种本能，而且只是部分植物有这种本能，更何况植物本身没有神经系统、没有意识，所以不能说植物有自卫的行为。

究竟植物有没有自卫的能力呢？是不是所有的植物都能够进行自卫呢？这些问题都要等植物学家们做进一步的研究，才能最终揭开谜底。

"巨菜谷"的蔬菜

Mystery of big vegetables in "Big Vegetables"

肥硕之谜

看过叶永烈著的《小灵通漫游未来》的朋友一定对未来世界的农场里的长得有圆桌面那么大的西瓜羡慕不已，但也只是把这当成是一种美好的理想，却从来没有想象过在现实世界中会有这么大的西瓜，因为这不符合植物生长的自然规律。不过正所谓大千世界，无奇不有，美国阿拉斯加州安哥罗东北部的麦坦纳加山谷和苏联濒临太平洋的萨哈林岛（库页岛）这两个神奇的地方就具有这种化腐朽为神奇的能力。

叶面硕大的王莲，据说它可以托起10～20千克的物体。

不能进行光合作用，没有根、茎、叶的大花草却是当之无愧的"花中之王"。

据一本科学杂志介绍，那里的蔬菜长得硕大异常：土豆长得像篮球那么大，一个白萝卜重达20多千克，红萝卜有20厘米粗、约35厘米长，卷心菜平均有30千克重，豌豆和大豆能长到2米高，牧草也高得可以没过骑马者的头顶。由于这地方所有的植物都长得非常高大，所以被人称作"巨菜谷"。

读者一定会问，为什么这里的植物可以长得这么巨大呢？其实这也是科学家迫切想弄清楚的问题。从"巨菜谷"被发现的那天起，科学家们就开始了对这一反常现象的研究。一开始，有人怀疑这不过是一些特殊品种的蔬菜，但经考察研究，却发现并非如此，这些都仅仅是一些普通蔬菜。因为科学家曾做过实验，将外地的蔬菜籽拿到这两个地方，只要经过几代繁衍，也会长得出奇的高大，但是如果把那里的植物移往他处，不出两年就退化成和普通

植物一样。这种离奇的现象让科学家们百思而不得其解。

　为了解开这个谜团，科学家们做了更为深入细致地的研究，也各自提出了不同的解释。有的科学家认为，这是由于这两个地方都处在高纬度地带，夏季日照时间长，所以这里的植物能够吸收到特别充分的阳光照耀，这就刺激了它们的生长激素，导致它们变态性地生长。但是，这种解释是经不起仔细推敲的。因为，还有很多地方和这两个地方处于相同的纬度，但在这些地方却并未发现有如此高大的同类植物。因此，又有科学家提出观点认为，这种奇怪现象是由于悬殊的日夜温差起作用的结果，骤冷骤热的日夜温差破坏了这里的植物的生长系统，使得它们疯狂生长。但这种解释和前一种观点有同样的漏洞，即它也同样无法解释为什么有类似气候条件的其他地方却没有这一奇异现象。

　这种现象让我们想起了中国的古代晏子的那句名言，"橘生淮南则为橘，生于淮北则为枳"。难道真的是水土的原因吗？于是科学家们的关注点从植物研究转到土壤研究。有科学家提出了这样一个假设，认为这可能是富饶的土质或者土中有什么特别的刺激生长的物质起作用的结果。为了验证这种假设，科学家们对这里的土壤进行了实地化验，但化验的结果却提供不出可用以说明这里土质特殊的资料和数据。

　以上几种观点都有自己的理论破绽，所以有些科学家认为起作用的并不是一种原因，而是上述各种条件的综合。其他地方虽然和这两处地方处于同一纬度，但却由于不具备如此巧合的几方面条件，所以

究竟是由于品种的原因，土壤的原因还是日照的原因，使得蔬菜能长得如此巨大？这些植物能否像其他蔬菜般令人放心食用？相信这些问题地解开，对于人类的粮食问题的解决一定会有极大的帮助。

生长不出这样高大的蔬菜和植物。这种观点比起前几种观点要完善得多，但是又一个问题出现了，因为它无法解释为什么萨哈林荞麦在欧洲第一年可以照样长得巨大。所以种种假设都被人们考察的结果无情地否定了，关于这个问题的研究似乎无法再深入下去了，因此一直没有取得什么实质性的进展。

近些年，一些生物学家注意到有一种寄生在植物幼芽上的细菌会分泌一种赤霉素，这种植物激素具有促使植物神速生长的奇效。这个发现给长期被这个问题困扰的科学家带来了一丝曙光。他们据此认为，这两个地方的巨型植物的出现，可能是某种适宜于当地生长的微生物的功劳。于是他们又开始了对这种特殊的微生物的寻找工作。但直到今天，他们仍然没有查清究竟是哪种微生物在起作用。

要是说"巨菜谷"还牵涉到植物种子的话，那么在我国也有一个地方，竟不用播种也能收获油菜籽。这块不种自收的神奇"福地"在湖北兴山县。在兴山县的香溪附近，有一块面积200平方千米的土地，

当地人每年冬天将山坡上的杂草灌木砍倒，到春天用火将草木烧掉，待几场春雨深洒后，地里就会自己长出碧绿的油菜来。到了4月中旬油菜花开季节，只见漫山遍野一片金黄，当地人对这种不种自丰收的现象自然是乐不可支，但对科学家们来说，却未必是什么好事，因为他们解决问题的难度又大大地增加了。

据当地老农说，这里方圆20多个村庄，每户人家每年都可收野生油菜籽60多千克，基本上可满足当地人的生活用油。就连1935年那次山洪暴发，坡上的树都被连根拔走了，可第二年春天这里依然到处是野生的油菜。

不少科学家曾到此作过考察，也作过种种解释，但始终没有一种理论能把这里出现的奇迹确切地加以说明。这些地方的植物为什么会长得如此巨大？又为什么能不种自收、不劳而获呢？这至今仍是无法揭开的谜，这一旷日持久的探索或许还要继续下去。

生长在印度尼西亚苏门答腊的巨大海芋属植物。

食肉植物之谜

Mystery of carnivorous plant

人们都知道有不少动物是吃肉的，可是植物当中也有吃肉的，你知道吗？甚至还有不少关于吃人树的传说呢。

传说中的吃人树是一种神奇而又可怕的植物。国外的许多报纸杂志不断刊登了有关吃人植物的报道。

传说在内尔科克斯塔的莫昆斯克树林中，有一块近 100 平方米的地方用铁丝网围住，在它边上竖着一块醒目的牌子，在木牌上赫然写着：游人不得擅自入内。在它旁边还立着一块巨大的木牌，那上面详细地记载着过去曾在这里发生过的不幸事件，提醒人们珍惜生命。 在这圈铁丝网中，矗立着两株巨大的樟树，它们的躯干庞大，直径足有 6 米多。其中一株樟树，由于生长日期久远，因此在树的底部，已经腐烂，露出一个

叶缘呈现红、黄、紫等色吸引昆虫，且光滑不易着落。

内壁上松散的蜡质薄片使昆虫不能爬出瓶叶外。

内壁细胞可以吸收分解了的昆虫中的营养。

瓶子草

这种瓶状叶在叶的末端伸出卷须并隆起，随着卷须长得越来越长，隆起逐渐中空膨胀。在瓶状叶发育当中，"盖子"是关闭着的，一旦发育成熟，盖子就会打开。此时瓶状叶即可收集雨水。

警惕陷阱

瓶状叶植物利用叶子制成的陷阱捕捉昆虫，它们用叶缘鲜艳的色彩引诱昆虫，使其落入陷阱内。覆盖在瓶状叶内壁上的松散的蜡质薄片则阻碍昆虫，使其绊落，翻入水中。牺牲品掉入瓶状叶中后，植物受到刺激，分泌出酶将昆虫机体组织消化，细菌也帮助分解捕获的昆虫。瓶状叶通过内壁吸收这些分解了的昆虫液态营养物质。

未成熟的瓶状叶开始变得中空。

瓶状叶成熟时，盖子打开，瓶子收集雨水，做好捕捉猎物的准备。

还不够成熟，盖子保持紧闭。

叶子的主叶脉上长出一条卷须，其末端生成一个新的瓶状叶。

3 米宽、5 米高的树洞，两株樟树相距 10 米远，据专家分析，它们已经有 4000 多年的寿命了。

　　吕蒙梯尔和盖拉两家人到莫昆斯克度假。他们到了莫昆斯克后，大人便开始忙着安排宿营和晚餐。吕蒙梯尔和儿子欧文斯以及盖拉的儿子亚博去丛林拣树枝，两个孩子自顾自地游戏去了。没多一会儿，吕蒙梯尔就听见两声叫喊，他知道非洲丛林中有许多食人野兽出没，心一紧，丢了柴火，便向声音发出的地方奔去。就在他跑出 10 多米远时，突然觉得自己的身体变轻了，跑起路来一点也不费力，接着他的身体居然飞了起来，而且直向前面一棵大树撞去，吕蒙梯尔弹在了树上，无法动弹。不知什么时候，欧文斯和亚博两人已经来到他身后。对他说："快脱掉衣服，否则你无法离开这棵大树"。在儿子的帮助下吕蒙梯尔从树上下来了。他想从树上拔下衣裤来遮挡身体。没料到他刚一接触衣服，又被树木吸住，他再也不敢扯那衣服，就带着两个孩子回去了。

　　后来，盖拉太太硬拉着丈夫，随儿子亚博去看稀奇。约半小时后，只见亚博惊慌失措地跑来，告诉吕蒙梯尔："我爸爸请你快快去，我母亲被吸进了一个大树洞里，请你快去帮助救我妈出来。" 10 多分钟以后，盖拉赤裸裸地哭着回来了，他对吕蒙梯尔伤心地说："我妻子死了。"盖拉说他们走到那里时，盖拉太太首先飞了起来，向一株大樟树飞去，盖拉想上前拉住

沼泽地里的眼镜蛇百合

由于昆虫体内含有大量沼泽地里所没有的矿物质，所以眼镜蛇百合就靠捕食昆虫，作为一种特殊的营养补充方式。

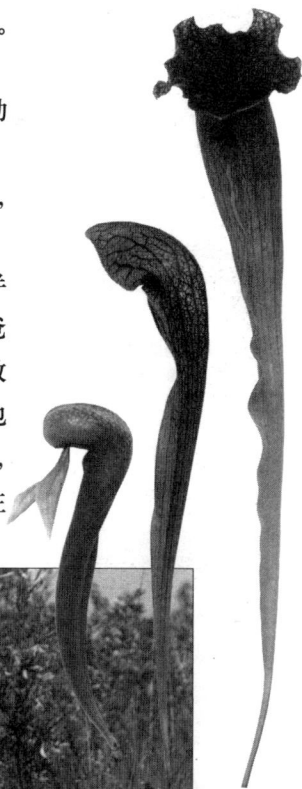

妻子，却被吸到相反的方向，撞在另一棵树上。这棵树正是吕蒙梯尔遇见的那一棵，而他的太太飞向了另一棵树。 儿子亚博早有准备，他是光着身子来的，他看见母亲飞进树洞，跑去一看，里面黑乎乎的，不敢钻进树洞救母亲，就将另一棵树上的父亲救下。盖拉忙叫儿子去告诉吕蒙梯尔一家，自己走进了树洞，里面又黑又湿，他鼓起勇气叫

每个叶片在枯萎之前大约要消化 3 只昆虫。

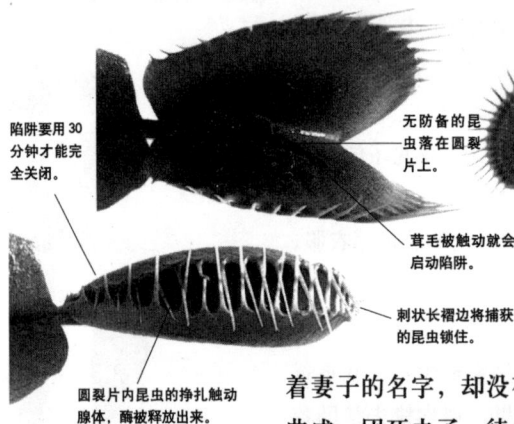

陷阱要用 30 分钟才能完全关闭。

无防备的昆虫落在圆裂片上。

茸毛被触动就会启动陷阱。

刺状长褶边将捕获的昆虫锁住。

圆裂片内昆虫的挣扎触动腺体，酶被释放出来。

活动的陷阱——维纳斯捕蝇草

有些食肉植物如捕蝇草，具有可活动的陷阱。陷阱由位于叶端处的圆裂片构成。圆裂片的边缘长有很长的褶边，内面呈红色并长有灵敏的长毛。这些长毛可感受到轻微的触动并启发陷阱。维纳斯捕蝇草仅在美国的北卡罗里纳和南卡罗里纳沼泽地里发现。

捕虫堇属植物

这些小植物发现于欧洲、亚洲和美洲各地的沼泽地中，它们用黄绿色的叶子和腐烂的味道吸引小飞虫。捕虫堇属植物可以分泌一种很黏的液体来捕捉猎物。它们的叶子会把捕捉到的飞虫围绕起来，然后消化液从叶子表面的茸毛中渗出，将猎物消化分解。

着妻子的名字，却没有回应。待他走到洞深处，发现太太已经曲成一团死去了。待他俩再次来到树洞准备将盖拉太太的尸体搬出来时，那里没有一个人影儿。 这件事传开以后，有 3 个年轻人争着要去体验一下，他们三男四女共 7 人来到莫昆斯克。结果四个女孩被吸进了洞，不知到哪里去了，洞中只留下 4 副耳环和 5 枚戒指。3 个青年回到温得和克，并向政府讲述了这件事。有人为此建议政府砍掉这两棵害人的大树，但当地政府就是舍不得，最后用铁丝将它们围起来。 这是多么可怕的植物啊！类似这样的文章还有不少。由于文章中详细逼真的描写，结果使很多人都相信，在我们这个人类居住的星球上，似乎真的存在一种会吃人的植物。可是严肃认真的植物学家却对此产生了很大的怀疑。因为在所有发表的关于吃人植物的报道中，都缺少吃人植物的真凭实据，即清晰的照片或实实在在的植物标本。植物学家们决心把吃人植物的问题查个水落石出。

科学家们查阅了大量文献资料，终于发现，有关吃人植物的最早消息来源于 19 世纪后半叶的一些探险家们，其中有一位名叫卡尔·李奇的德国人在探险归来后说："我在非洲的马达加斯加岛上，亲眼见到一种能够吃人的树木，当地居民把它奉

为神树。曾经有一位土著妇女因为违反了部族的戒律，被驱赶着爬上神树，结果树上8片带有硬刺的叶子把她紧紧包裹起来，几天后，树叶重新打开时只剩下一堆白骨。"于是，世界上存在吃人植物的骇人传闻，很快就传开了。后来，从亚洲和南美洲的原始森林中，也传出了类似的传闻，吃人植物的消息越来越多，越传越广。

为了证实这些传闻，1971年年底，一支由南美洲科学家组成的大型探险队，专程赴马达加斯加岛考察。他们在传闻有吃人树的地区进行了一遍又一遍的仔细搜索，结果并没有发现卡尔·里奇所描述的吃人树。不过，科学家们倒是在那儿见到了一些能够捕食昆虫的猪笼草，以及一些带刺的荨麻科植物。

英国毕生研究食肉植物的权威人士艾得里安·斯莱克，在1979年指出：到目前为止，在正规的学术刊物上还没有发现有关吃人植物的记载，就连最著名的植物学巨著（植物自然与科学杂志），以及世界性的有花植物与蕨类植物辞典中，也没有这方面的描写。除此以外，英国著名生物学家华莱士，在他走遍南洋群岛后，叙述了许多罕见的南洋热带植物，但也未曾提到过吃人植物。所以植物学家越来越认为，世界上也许根本就不存在这样一类能够吃人的植物。

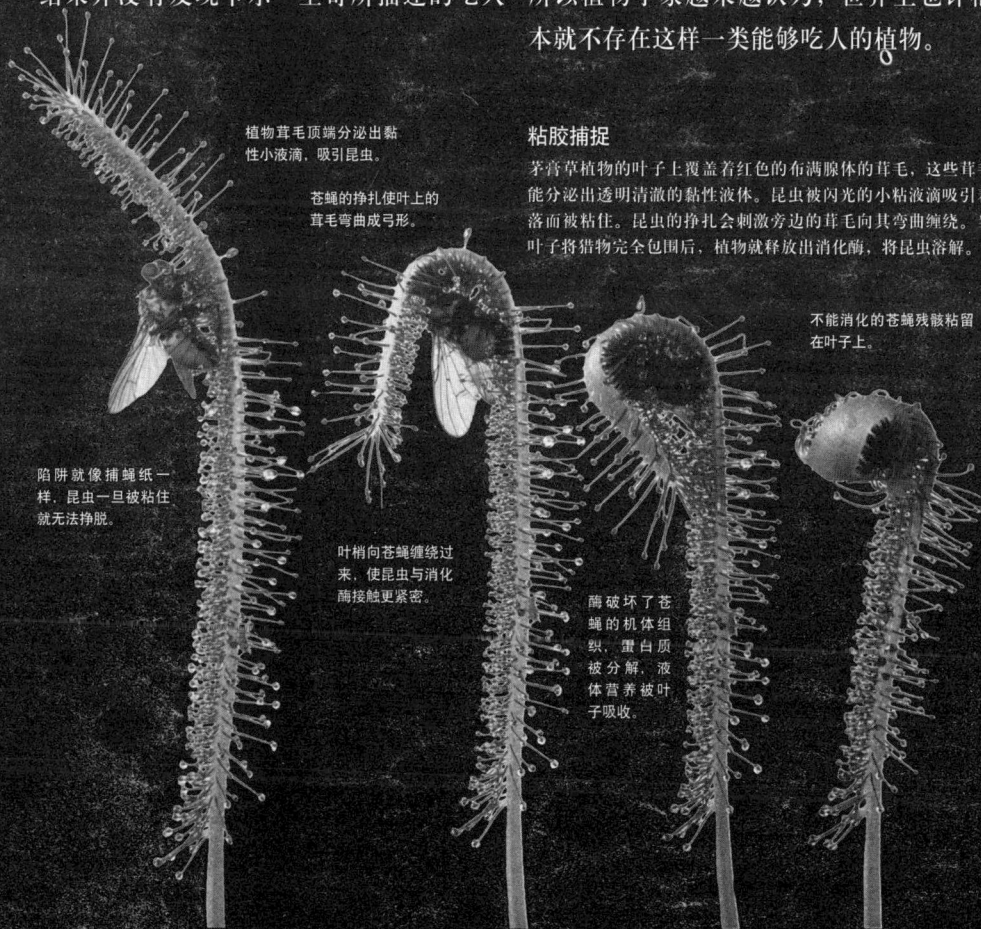

植物茸毛顶端分泌出黏性小液滴，吸引昆虫。

苍蝇的挣扎使叶上的茸毛弯曲成弓形。

陷阱就像捕蝇纸一样，昆虫一旦被粘住就无法挣脱。

叶梢向苍蝇缠绕过来，使昆虫与消化酶接触更紧密。

酶破坏了苍蝇的机体组织，蛋白质被分解，液体营养被叶子吸收。

不能消化的苍蝇残骸粘留在叶子上。

粘胶捕捉

茅膏草植物的叶子上覆盖着红色的布满腺体的茸毛，这些茸毛能分泌出透明清澈的黏性液体。昆虫被闪光的小粘液滴吸引着落而被粘住。昆虫的挣扎会刺激旁边的茸毛向其弯曲缠绕。当叶子将猎物完全包围后，植物就释放出消化酶，将昆虫溶解。

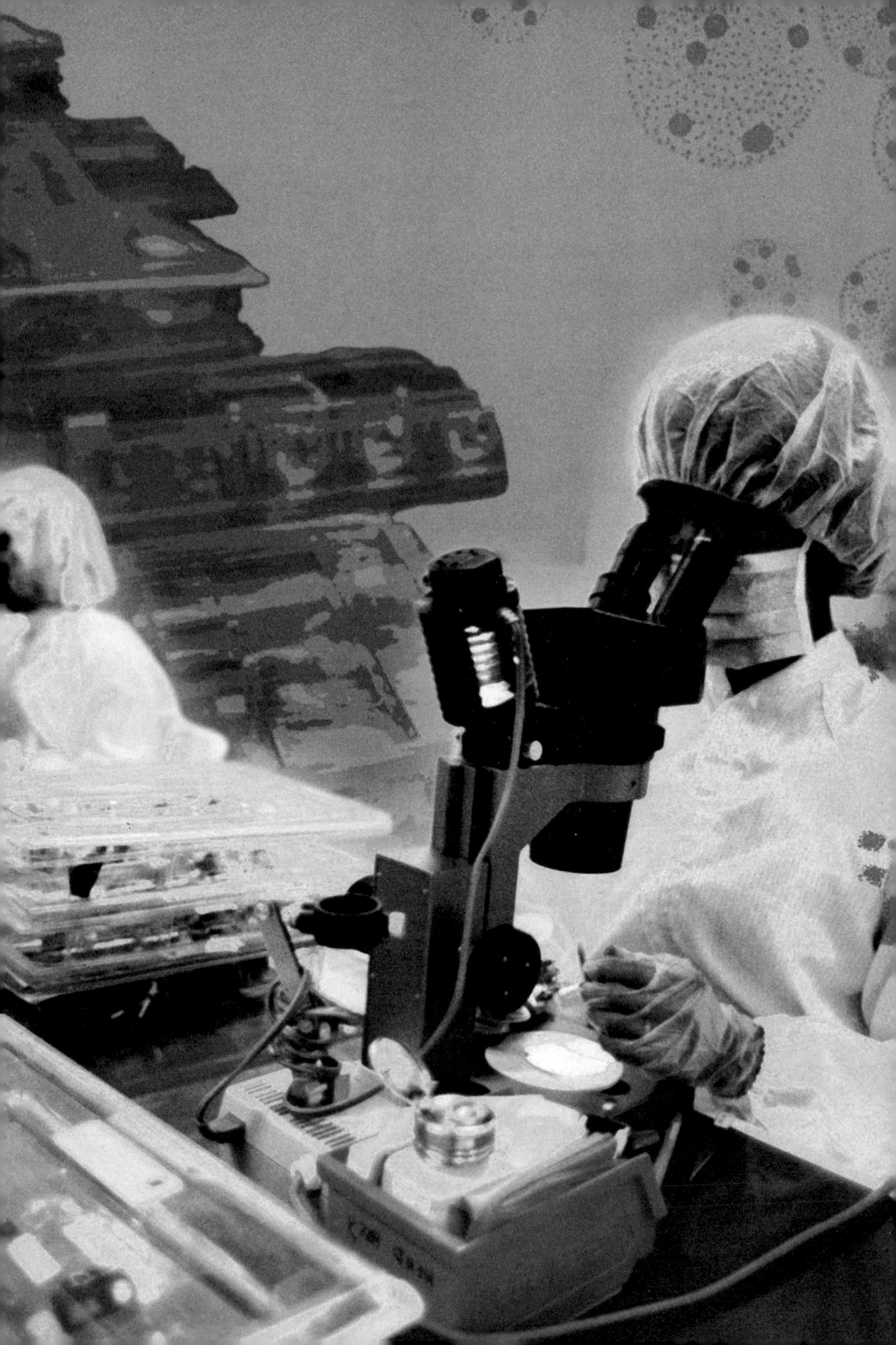

生物医学之谜

生命的源泉

永无止境生命奥秘之谜

人类起源之谜

耶稣裹尸布之谜

老的旧觉

美丽

人类

为何会得癌症

疾病从何而来

Mystery of
Biomedicine

探寻生命的源泉

今天，我们人类居住和繁衍生息的这个星球上到处都有生命现象。不论是从高山到平原，还是从沙漠到草原、从赤道到极地、从天空到湖海，到处都有种类繁多、大小不一、形态各异的生物。据统计，地球上有 100 多万种动物、30 多万种植物和 10 多万种的微生物。它们把偌大的一个地球装扮得千奇百怪，瑰丽多姿，生机勃勃。

但是，好奇的人们不禁要问：生命是怎么来的？它是从来就有的，还是像神话传说的那样，是上帝或女娲制造出来的呢？

科学家说，在 46 亿年前，在这个刚诞生的地球上既没有碧绿的庄稼和苍翠的森林，也没有湍急的河流和浩瀚的海洋；既没有飞禽走兽，也没有鱼龟虾蟹，甚至就连最原始的生命现象也杳然无有。在那时的地球上所有的只是光秃秃的岩石和荒野；有的只是经常爆发的火山和到处横溢的熔岩；有的只是乘火山爆发而喷发出来的原始大气。既然如此，那么地球上的生命究竟是怎样起源的？有史以来，这个问题就一直困扰着人们。到了近代，随着科学技术的迅猛发展，人们在惊叹科学的神奇之余，不由自主地寄希望于能用科学来阐明生命起源的问题，而不是各式各样、大同小异的神话传说。于是，关于生命起源

地球形成初期的状态。在这样恶劣的环境中，生命开始诞生了。

的解释是假说林立，新论纷起。把这些众说纷纭的生命起源学说归结起来，大致有自生说、永恒说和现代说三种，现在简要介绍之。

1 物种起源的自生说

相信看过《西游记》朋友一定都记得，小说的作者吴承恩在第一回中，就话说在花果山，正当顶上有一块仙石，内育仙胞，一日迸裂，放一石卵，似圆球样大。因见风，便化作一个五官俱备、四肢皆全的猴儿。这虽然仅仅是一个神话故事，却反映了中国古人对生命起源的一种自生说的观点。

生命的进化◇

有100多万种生命，从细菌到巨大的树木及哺乳动物，都以地球为家。一切都源此而出现——物种在适应环境及竞争的过程中，经过世代繁衍，发展变化。最初的30亿年，地球上仅有的生命以单细胞的形式生活在海中。到了5.7亿年前，生命已进化出多细胞的植物和动物，其中一些在后来的时间里逐渐向陆地发展。

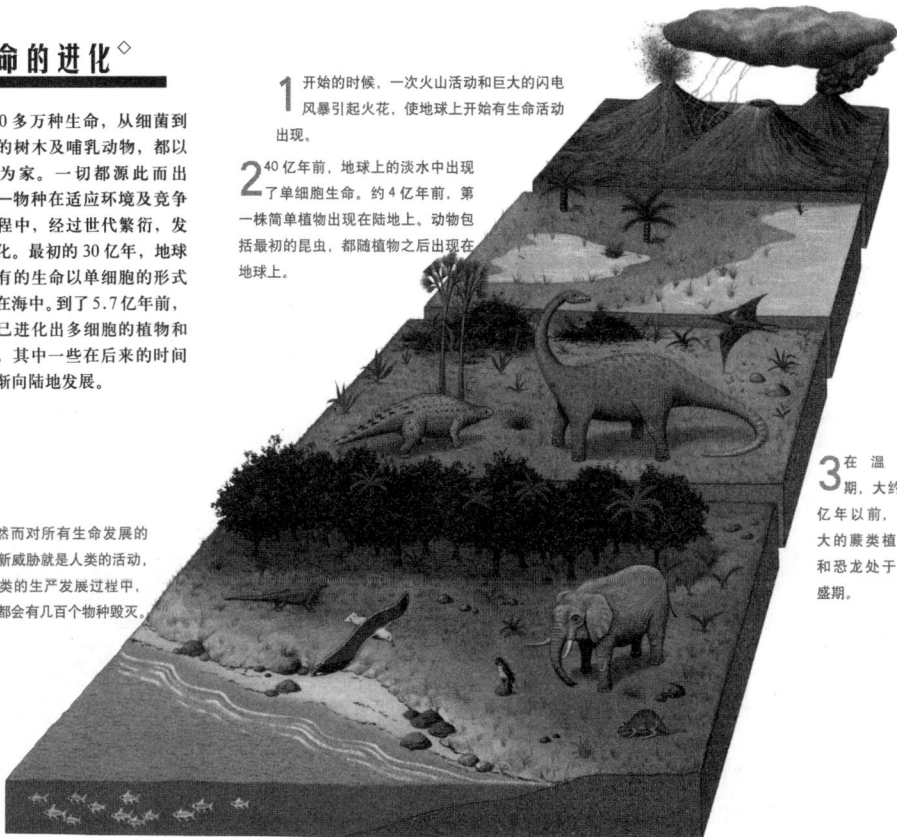

1 开始的时候，一次火山活动和巨大的闪电风暴引起火花，使地球上开始有生命活动出现。

2 40亿年前，地球上的淡水中出现了单细胞生命。约4亿年前，第一株简单植物出现在陆地上。动物包括最初的昆虫，都随植物之后出现在地球上。

3 在温暖期，大约2亿年以前，巨大的蕨类植物和恐龙处于繁盛期。

4 然而对所有生命发展的一个新威胁就是人类的活动，在人类的生产发展过程中，每年都会有几百个物种毁灭。

自生说又称自然发生说，是一种认为地球上的生命是从非生命的物质中自然发生的学说。到近代自然科学产生以前，自生说一直支配着人们的头脑。吴承恩的小说即源于道家的"万物自生，俱得一气"的学说。其实，这种自生说的观点不仅盛行于古老的中国，也盛行于古老的其他民族。例如，古代的印度人认为汗液与粪便可生虫类；古代的埃及人认为尼罗河的淤泥经过阳光的曝晒就可以产生青蛙、蟾蜍、蛇鼠；古希腊的德谟克利特主张生物是由水与土直接变成的。中世纪的学者甚至说青蛙是由5月的露水、狮子是由荒野的石头变成的。英国的博物学家列科木认为，树脂与海水中的盐相结合，就可以生成鸟类，所以欧洲人一度流行着吃鹅、鸭肉就是吃素的观点。比利时医生赫尔蒙特认为垃圾可生老鼠。此外，法国生物学家拉马科相信水螅能从污泥中自生。德国哲学家黑格尔也说海洋里能自生鞭毛虫。令人称奇的是，不同国家、不同民族，在地理隔离、语言不通、文化又较少交流的情况下，竟同时出现了相似的"自生说"观点。不过，现在的人大可不必对古人的这种幼稚观点啼笑皆非，这是在生产力水平低下的时代，人们察物未精，把现象当作本质的必然结果。随着近代自然科学的产生

美国亚利桑那州的巴林格陨石坑

关于生命源自外星的说法，一直为许多科学家所青睐，然而却没有足够的证据来证明。大约5万年前，一个直径约30米的铁陨石撞击地球，形成了这个直径达1.2千米的大坑。

和发展，科学实验从生产实践中分离出来并成为一种独立的实验活动，才使人们逐渐从自生说的束缚中解放出来。1862年，法国微生物学家巴斯德通过设计一个精确的实验，验证了自生说的荒谬性，使得这种绵延了几千年之久的古老学说彻底退出了历史舞台。

2 物种起源的永恒说

在巴斯德的著名实验成功地否定了自生说后，生命起源的探索又在风沙迷漫的道路上迷失了方向。各种各样的怀疑论、悲观论、不可知论便趁机而入，大做文章。他们怀疑"生命究竟发生过没有"，用生命和物质一样古老、永恒的假定，一笔勾销了探索生命起源的必要，认为是无聊的想法，是白白浪费时间。这就是永恒说。永恒说的代表人物是德国化学家李比西。他在1868年说："我们只可以假定：生命

1976年划过地球上空的韦斯特彗星，是20世纪最明亮的彗星之一。研究表明，地球形成之初，即46亿年到38亿年以前曾经被太阳系形成时遗留下来的彗星或陨石撞击过，这似乎更加证实了生命源自外星的说法。

正像物质那样古老，那样永恒，而关于生命起源的一切争论，在我看来已由这个简单的假定给解决了。既然生命是古老的，地球最初又不可能有生命，那么地球上的生命是从哪里来的呢？一个逻辑上的必然答案是：地球上生命是从别的天体上迁移而来的。"德国的生化学家赫尔姆霍次也支持这种观点，他说："如果我们用无生命的物质制造有机体的一切努力都失败了，那么依我看来，一个完全正确的方法就是问一问：生命究竟发生过没有，它是否和物质一样古老，它的胚种是否从一个天体移植到另一个天体，并且在良好土壤的一切地方都发展起来了？"

当然，对"永恒说"的观点持怀疑态度的人也不少。他们指出，宇宙空间是很广阔的，胚种从一个天体移植到另一个天体要经历很长时间，而星际空间的温度很低又没有氧气，胚种怎么能经受住这些考

世界科学未解之谜
71

巴斯德在实验室里，作为一个无私的科学家，他经过一系列细菌实验，否认了生命自生说，为现代科学的发展打下了坚实的基础。

验而不死呢？尽管如此，生命永恒说的论者并没有放弃自己的观点，直到 20 世纪初，他们还在生命起源问题上纠缠不休。

3 物种起源的现代说

物种起源的现代说源自于达尔文的进化论。进入 20 世纪以后，经过苏联生化学家奥巴林、英国生物学家霍尔丹、英国化学家尤里、尤里的研究生米勒、美国化学家福科斯等人的创造性工作，使人们对生命是如何起源的比较一致的看法是：生

生命存在的条件

生命是怎样起源的，至今仍然是一个谜。不过科学家们一致认为，合适的环境一定是一个重要的因素。澳大利亚西部的垫藻岩据认为是地球上最早生命的后代，它们的形态一直没有改变。它们的生存环境表明生命所需的条件：温暖、光线、适宜的大气和水，这些条件可以促进生命所需的复杂的化学反应。

米勒在做氨基酸生成实验。右图为斯坦利·米勒的实验装置。

命起源是地球形成的早期倾泻物质长期进化的结果，从非生命向生命的转化大约完成于 36 亿～38 亿年之间，化学进化发展到原始生命，大致经过如下几个阶段：由无机小分子形成有机小分子；由有机小分子进化为有机大分子；由有机大分子发展为多分子系统；由多分子系统演化为原始生命。此后再由原始生命演化为细胞形态的生命，从而便开始了细胞形态的生物进化。目前的实验材料表明：头两个阶段的倾泻进化已有大量的实验证据；第三个阶段的化学进化已为部分观察资料所支持；第四个阶段，当代自然科学尚未提供有效的证据。

自然科学的研究成果，虽然为人们提供了一个生命起源的基本图景，然而在某些关键性问题上还有待于探索。生命究竟是怎样起源的，依然是个"谜"。

神秘冰人奥兹之谜

冰人的发现地点在奥兹山谷，因此人们将他称为冰人奥兹。他年约 30 岁，身上有很多文身，对于当时恶劣的环境来说，他的服装显得较完整。由于他看来较完整，被冻在冰层里，人们一开始以为他刚刚死去，甚至没有想到要咨询考古学家的意见。

结果研究发现奥兹属于青铜时代（公元前 3500 年～公元前 1000 年）。他死时埃及的金字塔还未建好，欧洲人正在尝试车轮的发明。他死后不久被冻结在冰中，当人们发现他时，阿尔卑斯山上的冰雪已经把他制成了木乃伊。他身体上皮肤的孔仍清晰可见，甚至连眼球都保存完好。他身高约为 1.59 米，身上穿着由羊皮、鹿皮和

全身披挂的冰人复原图
芦苇或秸秆制的大氅在 18 世纪欧洲部分地区仍被人们穿用。

1991 年 9 月发现冰人时，尸体仍然半裹在冰中，第一次挖掘只挖出了到臀部的上半身，在尸体运到因斯布鲁克法医学院后才弄清他的真实年龄及其重大意义。

由于水的原因使斧刃上面已经长满了一层铜绿，冰人斧子的刃被最初的观察者认为是铁制的，并使人们误以为冰人的年代是在距今 500-3000 年之间。但 X 光检测发现斧头其实是铜制的，因此他应该是青铜器时代以前的人。显微镜分析还显示冰人在生命中的最后几天还在将斧头重新装到斧柄上，并使用了白桦树的焦油——通过加热树皮而得到——作为胶水。

冰人的鞋里塞了草团来保暖，它可能是他亲手制作的。牛皮鞋底与毛皮鞋帮绑在一起，上面还有结实的鞋带。鞋的内部由扭曲和打结的绳子织成网状，可以把草团固定住。他的右鞋比左鞋保存完好，在冰人被送到实验室时还穿在脚上。

冰人的锥形帽子是由小的皮毛块缝在一起做成的，它还有两根皮带可以系在下巴下面。1992 年 8 月对冰人遗体进行第二次发掘时，帽子外面的毛还勉强地附着在表面上。

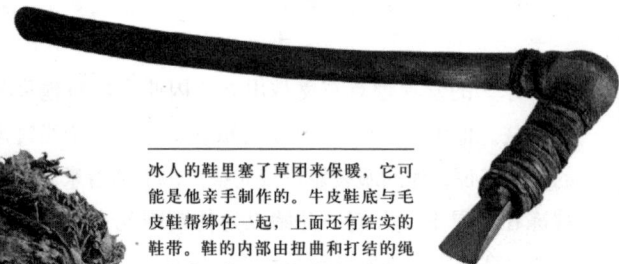

这是两支带有箭头较完好的箭

树皮及草制成的三层服装，戴着帽子和羊皮护腿。他身旁还放置了一把铜制的斧头和一个装有 14 支箭的箭袋。

研究家们试图利用这些线索发现他以何为生，从何处来，受到什么样的袭击，最后一餐吃了些什么，而死因究竟是什么。奥兹是目前保存最完好的史前人遗体。在奥兹身上不断获得的发现，总

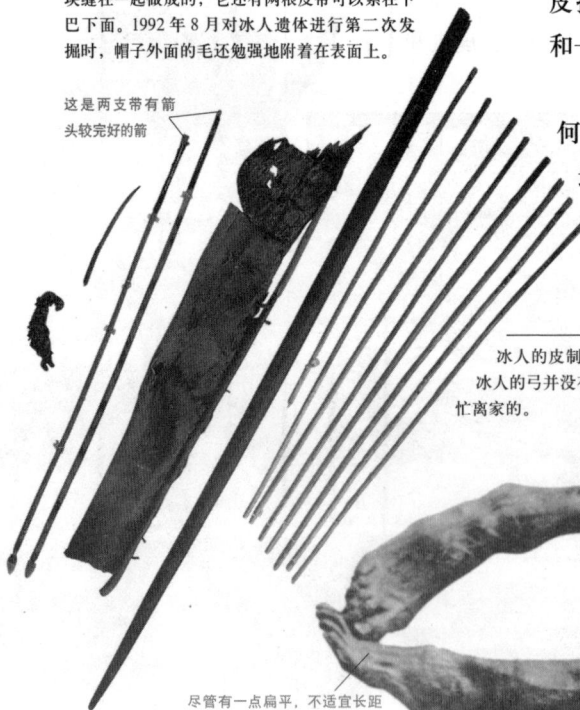

冰人的皮制箭套。其中两支箭还带有箭头，但其他几支只剩箭杆了。冰人的弓并没有完成，这些迹象似乎表明冰人是在没有充分准备的情况下匆忙离家的。

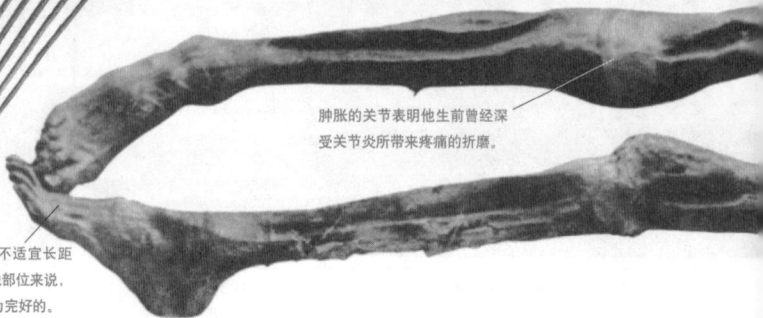

肿胀的关节表明他生前曾经深受关节炎所带来疼痛的折磨。

尽管有一点扁平，不适宜长距离奔走，相对于其他部位来说，他的脚是保存得最为完好的。

会引起广泛的关注，而他的死因则始终是科学家争论的一大焦点。一些科学家认为奥兹在死后不久就被冻结在冰中，所以遗体才能保存得如此完好。他们发现奥兹的结肠里有花粉，由此猜想他死于夏末。最后被秋季的一场突如其来的暴风雪袭击，在寒冷恶劣的天气里变成了冰人。

但奥地利因斯布鲁克大学古人种学家奥格教授使得从前有关奥兹死因的猜测受到了质疑。他通过对冰人结肠内的物质用显微镜分析发现，从奥兹结肠中提取的内容物含有完整的蛇麻草角树的花粉颗粒。这种树在 3 ~ 6 月开花，并且只生长于低海拔的温暖地区。由于花粉在空气中分解得很快，因此可以推断奥兹应该死于春季或初夏。花粉应是在奥兹离开蛇麻草角树后才被吸收，附近最近的蛇麻草角树位于南边的一个山谷，徒步走大约需 6 个小时。另外，对他的皮肤分析表明，奥兹的躯体在冻成冰人前，曾在水中浸泡了几个星期。奥格教授相信，奥兹在死前 8 个小时正通往山谷，在那里吃的最后一餐是未发酵的单粒小麦面包，一种草或绿色植物、肉。由于单粒小麦并非天然在欧洲生长，这说明当时农业社会的一些状况。小麦是

冰雪的作用使他的手扭曲伸向右侧，半握的手说明冰人生前可能握着什么东西。

冰人的身体还保持着他被发现时的姿势。虽然死的时候他全身伸展躺在左侧，但冰雪的压力使他脸朝下，迫使他伸开的左臂向右侧扭了过来。研究表明，尽管冰人死的时候年龄在 30 岁左右，但他已经出现了衰老的迹象，他的动脉开始硬化，还忍受着早期关节炎的折磨。

紧握的拳头表明冰人在死时显得特别痛苦。

研究发现，冰人生前不仅生有浓密的胡须，还有满头的黑色卷发。

或是由于长期裸露在外，遭受风吹日晒，或是挖掘时的意外，冰人腿上的部分纤维已完全消失了。

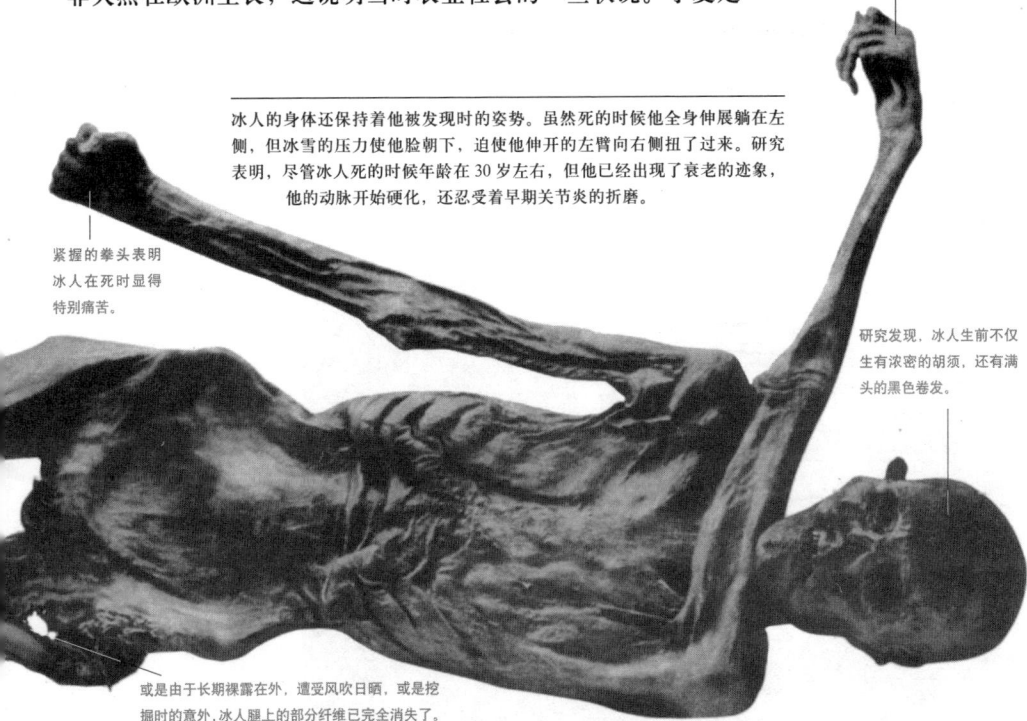

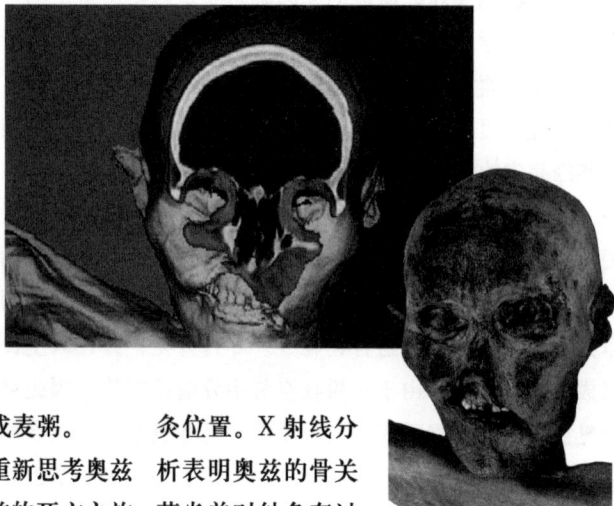

通过使用三维计算机模型，科学家们能够在不破坏尸体的情况下对冰人的头颅做出详细的测量。研究表明他的大脑已经如现代人那样完全发展起来了，面部的破损并不是由于冰人在生前受到灾祸所造成的，而是由于覆盖在尸体上面将近5000年的冰川的压力和运动引起的。然而计算机轴面X断层照相技术对尸体进行扫描显示出一些不正常的现象：除了其他方面以外，他没有生智齿，并且只有22根肋骨而不是24根。

被研成粉做成面包，而不是做成麦粥。

新的证据还促使研究人员重新思考奥兹是如何陈尸于高山之上的。奥兹的死亡之旅依然显得相当神秘。一些研究人员甚至猜测，他是作为新石器时代的某种献祭被拽到那里的。然而奥格教授的思绪并没有走那么远："我们可以肯定的是，在奥兹死前的12小时中，他曾在长有蛇麻草角树的山谷底部呆过，他是在一天之内来到他的长眠之地的。"

另外，科学家们还吃惊地在冰人的身上发现了47处文身，其背部和腿部的文身甚至接近于或者就在缓解背疼或腿疼的针

灸位置。X射线分析表明奥兹的骨关节炎曾对针灸有过反应。问题是针灸起源于2000～3000年前的中国，冰人的发现说明针灸或类似针灸的治疗法在5300年前就在远离中国的地方出现。

奥兹的帽子是由熊的皮毛制成，当时此地较现在有更多的熊出没，人们也许会组成狩猎队猎捕熊。奥兹的鞋引起了研究者的较大兴趣，其具有较佳的保暖性、保护性，在高山上还能防水。其底部较宽，且防水

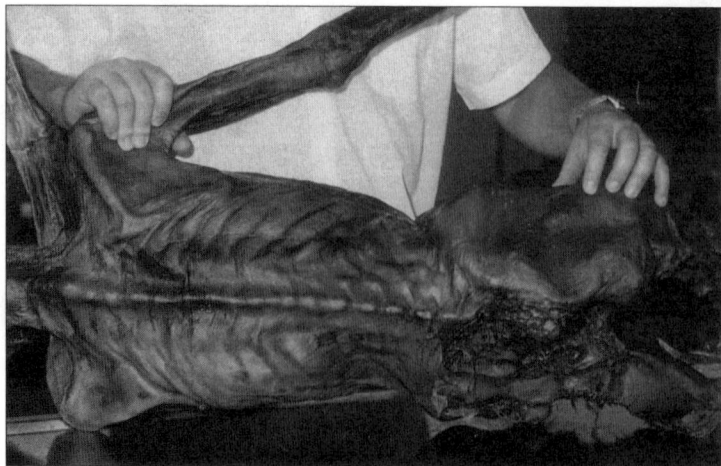

冰人身上的脚踝、膝盖、脚等部位还发现了类似于他后背上的这种文身。X光透视显示这些区域的骨骼都有恶化的迹象。这些文身是由炭粉糕进割开的小口形成的，可能它被认为是一种减轻痛苦的治疗手段。

说明是专门用于在雪地行走用的。鞋底用熊皮制成，鞋面则是鹿皮制成。

奥兹身上最令人吃惊的莫过于那把铜斧。因为科学家们一直以为人类在4000年前才掌握这样的熔炉及成型技术。此外，对奥兹头发的分析显示他参加过冶炼铜的工作。这个冰人令考古学家不得不重新考虑青铜时期的问题。这把铜斧长2英尺，斧把由浆果紫杉木制成。斧的顶部不到4英寸，斧头边略弯。斧头表面的分析表明其含99%的铜、0.22%的砷、0.09%的银。含砷和银说明此种铜来自当地的铜矿。

据意大利考古博物馆的研究人员认为，奥兹是在雪地里睡着了冻死的或是死于雪崩。而一份《华盛顿邮报》的报道则称，在对冰人经过一种被称作层面X线照相术的技术测试后，科学家发现冰人的左肩下有一枚箭头，在骨骼上还发现箭头射入他身体后留下的痕迹。

研究人员称，奥兹很可能是死于战争，因为他身上武装着斧头、刀和弓箭。箭头进入体内的角度表明他是被人从下方击中。这柄箭不到1英寸长，穿过他的背部，切断臂上的神经和血管，停在肩膀和肋骨之间。由于箭没有射到任何重要器官，研究人员估计奥兹流了很多血，最后在痛苦中死去。

迄今为止，神秘的冰人不仅因其神秘的死亡留给了科学家发挥想象的巨大空间，还

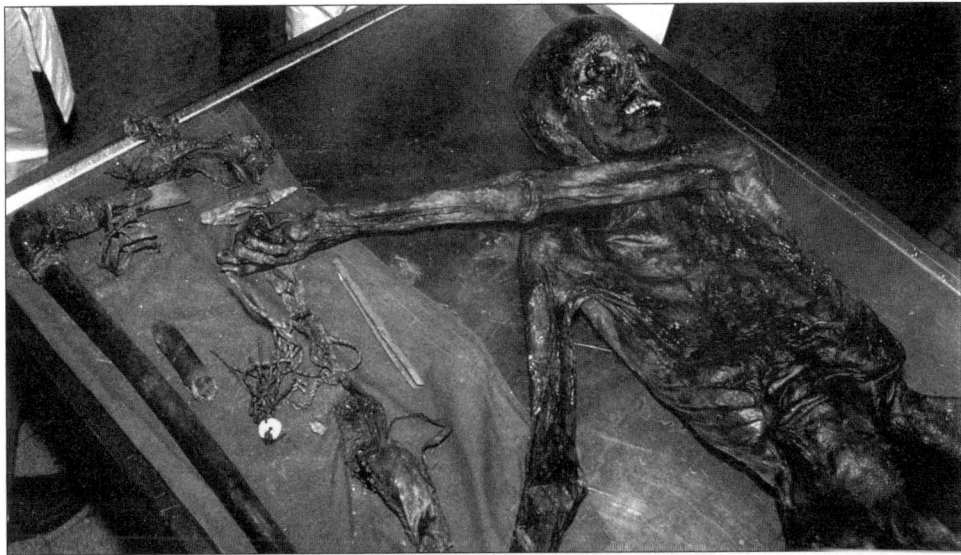

照片中是奥兹塔尔山谷出土的尸体与他的部分随身物品。发现于尸体旁的木柄铜斧，是第一批能显示主人生活年代的东西之一。在此之前，一个国际专家小组对他进行了详细的检查以确定他的年龄、健康状况和关于他死亡原因的任何证据。

因而留下了无休无止的争论和无穷无尽的探索。路漫漫其修远兮，攀登科学高峰的道路是无止境的，关于冰人死亡的争论和猜测还会进行下去。重要的，也许不是结果，而是这种在追求真理过程中所感到的快乐。

人类起源
之谜

你知道我们人类是从哪里来的吗？到目前为止，除了一些美丽的传说和各种未经证实的推测之外，并没有一个真正的答案。它与宇宙的起源、地球的起源并列为三大起源之谜。

关于人类的起源在我国流传着这样的神话故事：盘古开天辟地之后，不知道过了多久，忽然在天地间出现了女娲。女娲在荒凉的天地中无依无伴，十分寂寞，她来到水边，看见自己的倒影，忽发奇想，就照自己的形体用水边的泥巴捏出泥偶，放在地上，迎风一吹便活了，后来女娲给他起名为"人"。

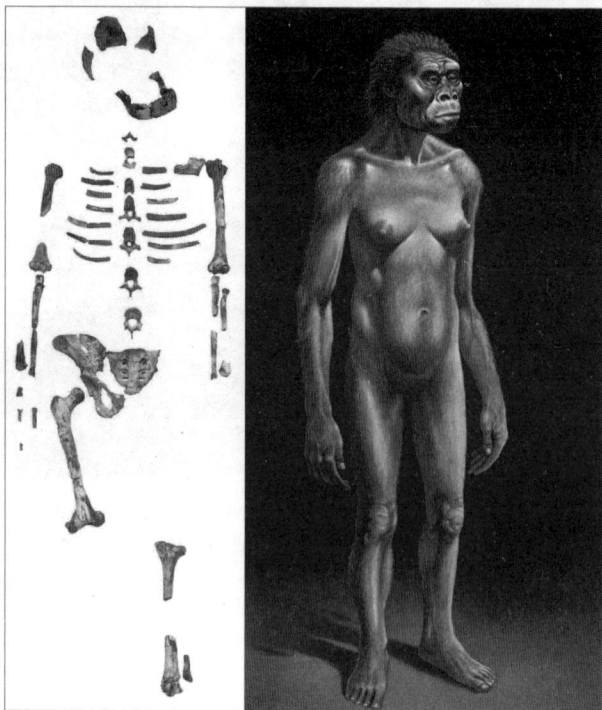

埃及同我国一样也是一个文明古国，而它的人类起源的说法则更为奇特。据《埃及神话》的说法，人类是神呼唤出来的。埃及人认为全能的神"努"在埃及、在世界出现之前就已存在，他创造了天地的一切，他呼唤"泰富那"，就有了雨；呼唤"苏比"，就有

发现于埃塞俄比亚的这具几乎完整的人科家族女性骨骼（左图），被确证生活于320万年前。骨盆构造表明她已直立行走，身高1.2米左右，是非洲南方古猿的一种。右图为她的复原图。

了风；呼唤"哈比"，尼罗河就流过非洲大地。他一次次地呼唤，世界便因此丰富起来，最后，他喊出"男人和女人"，转眼间，就出现了许多人，这些人又创建了埃及。造物工作完成，努就将自己变成男人外形，统治大地与人类，成为埃及第一位法老王。

日耳曼神话中说日耳曼人的祖先是天神欧丁和其他的神创

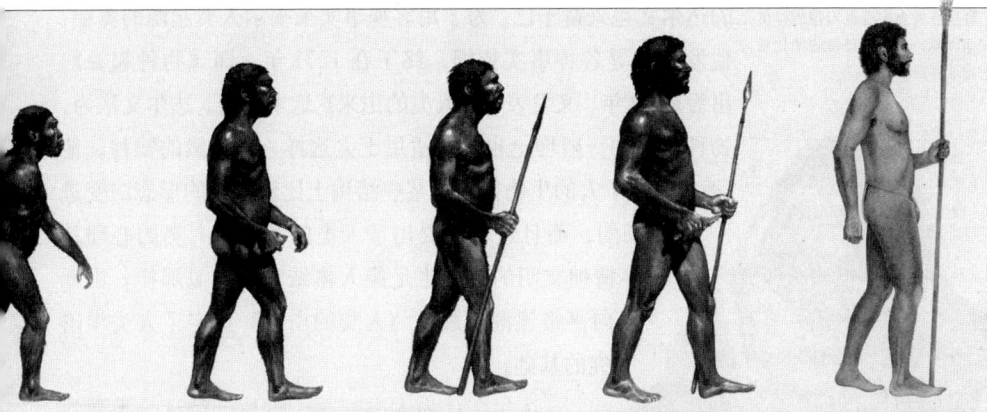

造的，众神在海边散步时看到沙洲上长了两棵树，其中一棵挺拔雄伟，另一棵风姿绰约，于是砍下两棵树，分别造成男人和女人。欧丁首先赋予其生命，其他的神分别赋予其理智、语言、肤色和血液等。

而在信奉基督教的西方国家里，人们大都相信上帝造人说。《旧约·创世纪》中记载：上帝花了5天时间创造了天地万物，到第6天，他说："我要照着我的形体，按着我的样式造人……"于是把地上的尘土捏成人形，将生气吹进人的鼻孔后，造出了男人，取名亚当。上帝见亚当一个人生活得很孤独，就用他的一根肋骨造成一个女人，亚当说："这是我骨中的骨，肉中的肉，就叫他女人吧。"

然而，传说毕竟只是传说，缺乏令人置信的科学依据。因此这个话题依然众说纷纭。

19世纪，达尔文提出了进化论学说，这成为19世纪人类探寻自身起源的一个新的线索。

达尔文是19世纪英国学术界破旧立新的大师。他身患痼疾，为探索自然规律，一生孜孜以求。1859年他的《物种起源》一

达尔文像

达尔文进化论作为19世纪最具影响力的学说，改变了人们对人类起源的认识，"物竞天择"是其中心思想。

书问世，这本书是他对自己多年在世界各地亲自观察生物界现象的总结，书中阐述了自然选择在物种变化上起的作用，提出了物种的起源和进化的一般规律。

《物种起源》的发表从根本上打击了上帝造人的宗教神话和靠神造论来支持的封建伦理。当时保守势力的反扑顽抗和社会思想界的巨大震动，使一贯注意不越自然科学领域雷池一步的达尔文也兴奋不已。为了用客观事实来揭示人类起源的奥秘，他发愤搜寻各种事实依据，终于在1871年，即《物种起源》出版后12年，又发表了《人类的由来》这本巨著。达尔文认为，物种起源的一般理论也完全适用于人这样一个自然的物种。他不仅证实了人的生物体是从某些结构上比较低级的形态演变进化而来的，而且进一步提出了人类的智力、人类的心理基础等精神文明的特性也是像人体结构的起源那样，由低级向高级逐渐发展。《人类的由来》奠定了人类学研究的基础。

达尔文认为人类起源于古猿。经过一番激烈

随着人类的不断进化，其大脑容量也不断扩大，猿人变得聪明起来，尽管还不如现代智人，但他们已经可以制作更多更好的工具和筹划路线，群居性社会生活也为他们提供了安全保障。人类在漫长的年代里逐步地过渡着。

眉骨突出，前额窄平，脸部较宽，当属早期欧洲人的特点。

他们已经学会利用工具，并且能制造工具，这为他们狩猎和防卫提供了很大的帮助。

身体上仍覆盖着长长的毛，可以保护皮肤免受阳光的辐射。

用削尖的石头将兽皮上的肉刮掉，以使兽皮变得轻便、平整，更利于保暖。

的学术的和宗教的争论之后，科学界渐渐接受了这个理论。后来的科学家又经过不断探索，在达尔文学说的基础上形成了现代的人类起源说。他们认为，人类是古猿在数百万年的漫长时间里，在大自然的影响下逐渐进化而来的。作为一种学说，进化论有着许多合理的科学内核，然而毕竟是一种假说，也有其缺陷，考古学上的许多发现都无法用进化论的理论解释。例如：

这一可怕的场景表明了一位生活在新石器时代的欧洲男性头骨的上腭骨被箭头射中。从头骨的形态上看，已经没有了尼安德特人眼睛上方一道突出的眉骨。是尼安德特人的进化，抑或是完全被现代智人取代，再或是早期现代人类与之融合，目前尚无定论。

　　1913年德国的人类学家在坦桑尼亚Olduvai峡谷100万年以前的地层中发现了一具完整的现代人类骨骼。

　　美国科学家麦斯特则在犹他州羚羊泉的寒武纪沉积岩中发现了一个成人的穿着便鞋踩上去的脚印和一个小孩的赤脚脚印，就在一块三叶虫的化石上面。而三叶虫是2.5亿～5.4亿年前的生物，早已绝迹。经过犹他大学的化学专家们鉴定这的确是人的脚印。

　　在中国云南富源县二叠纪岩石面上发现有四个人的脚印。据考证，这些脚印是2.35亿年前留下的。

　　1976年，著名考古学家玛丽·D.利基也曾发现了一组和现代人特征十分类似的脚印。这些脚印印在火山灰沉积岩上，据放射性测定，火山灰沉积岩有340万～380万年的历史，古生物学家证实，其软组织解剖特征明显不同于猿类。

　　这些考古发现又是怎么回事呢？它们似乎有悖于达尔文的

穿行在坦桑尼亚莱托里地区的脚印化石证明了人类 350 万年前已行走在东非的土地上。

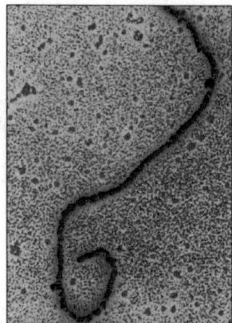

显微镜下脱氧核糖核酸的复杂结构，验证了生命的起源内因。

生物进化论中的观点。根据达尔文进化论假说，森林古猿经过千百万年的进化才成为今天的人类，可是科学家至今却无法找到这千百万年的中间过程，也找不到任何猿与人之间的人存在的证据；按照通常的认识，人类大约在距今 1 万年左右才发展到最原始的状态，有文字记载不过 5000 年时间。按照达尔文进化论假说，几亿年前不可能有人类存在，至于高度的人类文明就更是天方夜谭了。

随着时代的发展和科技的进步，科学家们不断提出新观点，对人类起源问题发表自己的看法。

1960 年，英国人类学教授爱利斯特·哈代爵士提出了一种新的假说，他根据在距今 400 万～800 万年前这一时期的化石资料几乎空白这一事实，认为这一时期内人类祖先不是生活在陆上，而是生活在海中；在人类进化史上存在着几百万年的水生海猿阶段，至今仍能在人类身上找到那一阶段留下的许多"痕迹"，如人类的许多解剖生理学的特征在别的陆地灵长目动物身上都找不到，而在海豹、海豚等水生哺乳动物身上却同样存

创世纪

米开朗琪罗的《创世纪》是他生平最大的杰作，其构思极富想象力：亚当的左手无力地抬起，缓缓前伸，上帝则用右手食指赐予亚当生命。在《物种起源》发表以前，《圣经》成了人类起源的经典教义。

在。例如：所有陆地灵长目动物体表都有浓密的毛发，唯独人类皮肤裸露，这一点与海兽相同；灵长目动物都没有皮下脂肪，而人类却有厚厚的皮下脂肪，这一点又与海兽相同；人类胎儿的胎毛着生位置，明显不同于别的灵长目动物，而与水兽胎儿的胎毛位置相当；人类泪腺分泌泪液、排出盐分的生理现象，在灵长目动物中是绝无仅有的，而海兽却都具有。

哈代爵士查阅了大量史料，指出在400万～800万年前，海水曾淹没了非洲的东部和北部的大片地区。海水分隔了生活在那儿的古猿群，其中的一部分为了适应急剧变化的自然环境，进化成为海猿。几百万年以后，海水退却，已经适应水生生活的海猿重返陆地，又经过几百万年的进化，成为人类。海猿历经沧桑，在水中的生活进化出了向人类方向发展的特征，这些特征为以后的直立行走、解放双手、进行语言交流等重大进化步骤创造了条件。这使得他们在返回陆地上后有了更明显的优势，超越了其他猿类，进化成为地球上最高等的智慧动物。

早期人类分布图

直立人被确证为最早属于人类的人种，除非洲以外还散居于亚欧的一些地方。

此外，美国加州圣－克鲁兹大学的生物学家大卫·迪默则认为地球上的生命，或者说生命的早期形态有可能起源于浩瀚宇宙。

国际生物界一致认为：生命的起源在很大程度上依赖于细胞膜的作用。迪默在实验中发现，即使是在寒冷、充满辐射的真空宇宙环境下，细胞膜仍然具有"生命力"。这说明恶劣的宇宙条件并未阻止生命的演化，生命起源于地球以外的浩瀚宇宙也是完全有可能的。

面对这么多假说、矛盾、谜团，我们不禁要问，人类到底是怎样起源的呢？我们相信一定能解开这个秘密，也许就在明天。

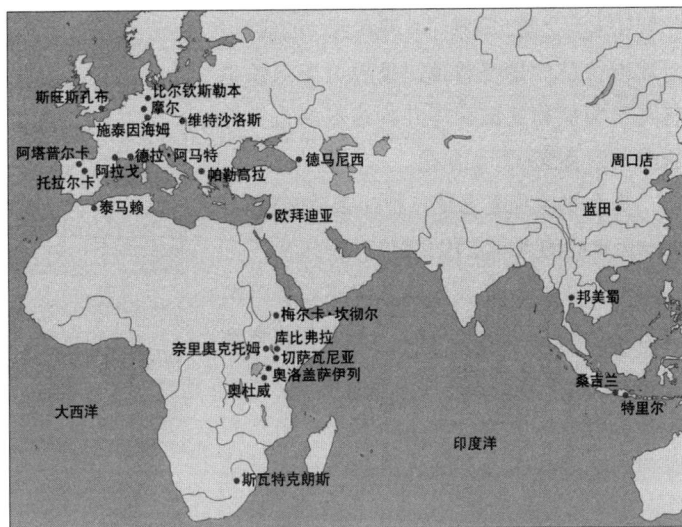

埃博拉病毒 Ebola Virus
go into hiding on earth? 究竟藏身何处?

2004 年英国《焦点》月刊 2 月号发表的文章《病毒——看不见的敌人》，科学家们探索了有关这一神秘的看不见的敌人的已解和未解之谜，列举了 6 种高致命的病毒，而埃博拉赫然排在首位。世界卫生组织也将其与癌症和艾滋病等并列为威胁人类健康的主要杀手而严加防范。

那么埃博拉究竟是一种什么样的疾病，能令全世界的人闻之色变？

1976 年，在非洲中部扎伊尔和苏丹两国交界的林区，突然爆发了一种急性出血性传染病——埃博拉出血热。病人出现发热、头痛、胸痛、皮疹、出血、腹泻、呕吐和肌肉酸痛等症状，这种传染病在病人家庭和医院中迅速传播着，并逐渐蔓延到苏丹、加蓬等地，致使 600 人被感染，其中 400 多人丧生，其死亡率高达 70% 以上。科学家们随即展开了深入的调查研究，最终发现这是由一种病毒引起的。由于这种病毒最早是在扎伊尔埃博拉河附近的一个小村庄里被发现的，所以将之命名为"埃博拉病毒"。

1995 年"埃博拉出血热"又一次在扎伊尔肆虐开来。仅在基奎特市便引起 315 人发病，其中 244 人死亡，致死率高达 80%。不仅如此，科学家还惊奇地发现：在过去 5 年里，埃博拉病毒还导致数千只灵长类动

预防埃博拉病毒宣传海报

由于埃博拉病毒强大的感染力和致命性，因而任何不当的接触都会导致感染，世界卫生组织的这张海报提醒人们不要盲目接触病人，而对于已接触过病人的衣物针药等物品，则一律加以销毁，以切断病毒的传播途径。

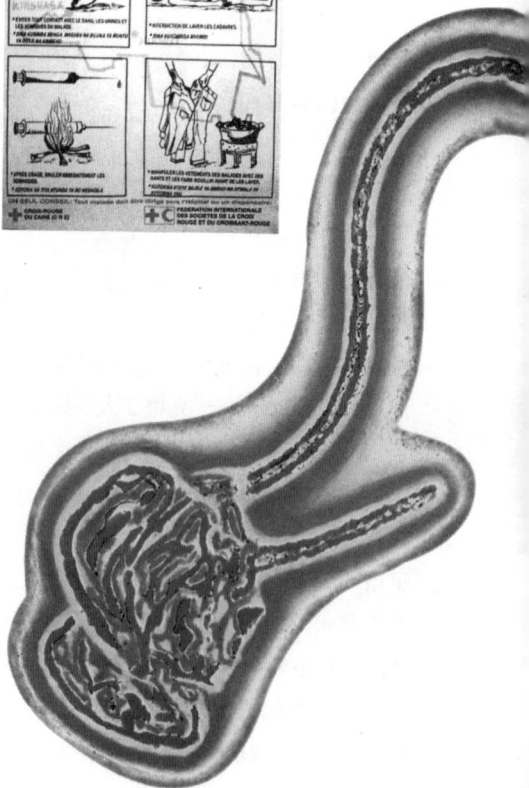

埃博拉病毒模拟示意图

埃博拉病毒是微丝状，偶有分支或盘绕，病毒体为单链RNA（属RNA病毒），但其本身无毒性，埃博拉病毒的确切致病机制目前尚未明了。有假说认为，埃博拉病毒RNA指导合成的蛋白质可抑制机体的免疫功能，致使病毒在体内大量复制。

埃博拉病毒的高致命性不仅体现在人类社会中，而且连灵长类动物都未能幸免。像这种非洲草原上的小猴只不过是其中的受害者之一罢了。

物死亡，其中乌干达的一个大猩猩保护区内的灵长类动物竟然减少了2/3。

有的科学家认为，埃博拉出血热比艾滋病更可怕，这是因为艾滋病患者在感染了病毒后仍能存活相当长的时间，而感染了埃博拉病的人，仅有一两个星期的潜伏期，在饱受病魔一个星期的折磨后，就会七窍流血而死。他们曾做过这种一个比喻：将艾滋病一个周期的病变压缩在一个星期之中，就是埃博拉出血热。然而最令人胆战心惊的是，埃博拉病毒在人体内，会像绞肉机一样把各种组织器官绞碎，使其糜烂成半液体状。因而每当病人口吐鲜血或坏死的体内器官时，连空气中都散发着血腥和浓浓的臭味。

美国在2003年8月份的《自然医学》杂志上发表了一篇论文，称97%的埃博拉病毒感染者都会出现内出血症状，其原因可能是由于一种病毒蛋白质破坏血管内壁细胞造成的。这项由美国国家卫生研究所的科学家们得出的研究成果意义重大，它可能会有助于开发出通过攻击这种蛋白质来减小或防治埃博拉病毒的药物和疫苗。不过，到目前为止，研究人员仍无法确认埃博拉病毒的宿主究竟是什么，世界卫生组织的玛丁尼兹医生说："没人知道埃博拉病毒在病疫爆发前藏身何处，是什么因素将它们激活并蔓延开来。"

现在，一项新的研究表明，埃博拉出血热的爆发存在多个源头，这说明它可能

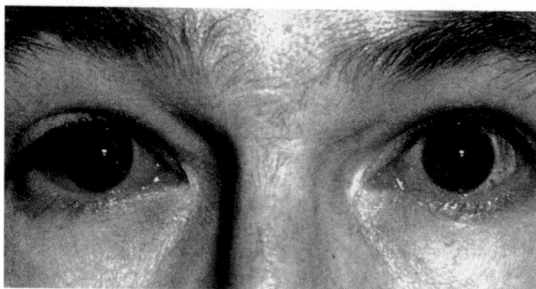

患者在感染埃博拉出血热之后，往往会造成内出血，先是发烧、头痛、喉咙痛、肌肉疼痛等，接着是呕吐及肛门出血，然后鼻腔、牙龈、眼睛、皮肤也出血。在这幅可怕的照片中，一名埃博拉出血热患者充血的眼睛里透射出绝望与恐惧的目光。

对于疫区的隔离、消毒措施，必须一丝不苟，在人类还没有找到埃博拉病毒的真正宿主之前，人类只有依靠自身的力量来控制传播途径，增强疫区的防范措施。

有多种宿主。世界卫生组织和环境保护学家们也在努力搜寻着开始变异的埃博拉病毒流行的源头，他们怀疑埃博拉病毒可能是潜伏在一种或几种动物体内，该动物不知何故对埃博拉病毒的致命性作用不敏感，但又能传染给其他易感染动物。一个重要的谜题就是，最近一次埃博拉病毒是否是一次蔓延到热带雨林的更大规模的大流行的全部源头，还是此次大流行的每个部分都有其自己病毒引入的途径？这个问题的答案对于制定遏制埃博拉大流行的策略具有重要意义。

非洲国家加蓬发育研究所的埃里克·勒鲁瓦和他的同事测序了2001到2003年间，在加蓬和刚果共和国5个不同埃博拉出血热爆发地区的死亡动物和人的病毒样本。令人惊异的是，研究人员发现了8个不同的埃博拉病毒株。早先的研究已表明，埃博拉病毒比较稳定，从1996至1997年间埃博拉流行中的9名感染者体内分离出来的毒株完全一样；对1976年扎伊尔爆发时的埃博拉病毒和1996年刚果爆发时的埃博拉病毒的序列比较结果表明，二者的差异不到2%。因此，刚果的8个毒株

过去几十年里可能发生了分化，这说明它们可能有不同的起源。研究小组将研究结果发表在 2004 年 1 月 16 日的《科学》上。

这个研究结果暗示了一个令人不安的可能性，文章的合著者、世界卫生组织的皮埃尔·福尔芒蒂指出：埃博拉存在多个毒株这一事实表明，它们可能有多个宿主物种，昆虫以及蝙蝠、老鼠和鸟类等或许也是埃博拉病毒的宿主，如果真是这样的话，那将给埃博拉出血热流行的控制带来更大的难度。

然而，并非所有人都相信埃博拉病毒有多个宿主。普林斯顿大学的生态学家 Peter Walsh 认为，人类和猿猴中埃博拉病毒的蔓延只是一次流行的两个部分，他认为存在明显差异的毒株的出现并不排除是一次埃博拉爆发的余波的可能。如果埃博拉病毒通过多种宿主动物传播，它们可能会快速发生突变。

一名从疫区撤离出的儿童在亲人的陪伴下接受医疗人员的检查。

目前，对于埃博拉病毒究竟是单一的宿主，还是多个宿主，其宿主究竟是什么，至今仍无定论，然而根据美国《病毒学杂志》2004 年 12 月 17 日公布的研究结果表明，鸟类作为埃博拉病毒的宿主（可能是单一宿主，也可能是宿主之一）的“可能性”极大。珀杜大学研究人员桑德斯等人在这期杂志上公布了他们的发现：埃博拉病毒的蛋白质外壳，在生物化学结构上与鸟类携带的多种反转录病毒非常相似。科学家此前已经知道，埃博拉病毒与鸟类携带的一些病毒内部结构相似，而桑德斯等人的研究进一步证明了其外部的相似性。桑德斯最后说道：“尽管鸟类携带埃博拉病毒的结论还需进一步证实，但所有这些病毒间的相似性应该引起卫生部门负责人的高度警惕。”

相信随着医学科技的不断进步，科学家们最终能解决这一困扰人类多年的顽疾，届时，埃博拉病毒将不再神秘，也不再可怕。

法老陵墓的造访者
离奇死亡之谜

Mystery of uncanny deaths to Pharaoh's tomb

1912年4月15日，世界上最大的游轮——"泰坦尼克"号从英国首航美国，在途中不幸沉到大西洋里。这艘豪华游轮上的游客和工作人员1500多名遇难或失踪，这是人类历史上最惨重的海难事件。事件引起了各国的广泛关注，许多专家从不同途径寻找造成"泰坦尼克"号沉没的原因。在人们提出了种种猜想仍得不到一致意见的时候，有人想起了船上曾有一具石棺，棺上附有咒语，最后一句是：

> "凡是碰到这具石棺的人都不会有好的结果，将沉没于水底。"

难道这只是巧合吗？这具石棺是12年前一群考古学家从埃及的古墓中发掘出来的，后来一位富裕的美国实业家买下了大英博物馆的这具石棺以及棺中的木乃伊。恰好这时，"泰坦尼克号"要开始其首次航行，这位美国实业家便委托船长将石棺运往美国。

埃及金字塔

金字塔是世界上最伟大的陵墓，它具有浓厚的神秘色彩，历经几千年风雨而巍然屹立，埃及人坚信，通过象征阶梯的金字塔，国王的灵魂必会化为太阳的光束升入天堂。在他们眼中，国王应该与太阳之神拉神并驾齐驱，共入天堂，"天空把自己的光芒伸向你，以便你可以去到天上，犹如拉的眼睛一样"。

卡特将图坦卡蒙金棺上的灰尘拂去，法老的遗体封在三层棺椁中，这是它的第二层。神圣的法老怎能容忍对它这般骚扰的卡特活到 65 岁？是因为他的生命力太过顽强，咒语对他无可奈何，还是咒语本身并无魔力，仅仅是守墓者们散布的谣言而已？

　　科学家们并不相信真有传说中的咒语存在，更不相信它能改变人的命运，然而后来接二连三的类似事件，让科学家们也一筹莫展。其中最让人不寒而栗的事件莫过于挖掘图坦卡蒙金字塔的考古学家们在很短的时间内接连死去。

　　英国人卡纳冯勋爵和他的助手霍华德·卡特于 1914 年来到埃及王陵谷，他们在此处经过锲而不舍的努力挖掘，终于在 8 年之后，即 1922 年 11 月 3 日，发现了一座从未被人挖掘过的地下陵墓。这就是图坦卡蒙法老的陵墓，他仅仅活了 18 岁，但拥有举世罕见的美貌。此墓的富丽豪华程度实在出人意料，人们光清理随葬的奇珍异宝就花了一年的时间。后来人们打开神龛，一睹图坦卡蒙法老的真面目。法老的石棺盖子是用玫瑰色的花岗岩做成的，而整个石棺是用一整块质地细密的淡黄色花岗石凿成的。石棺里是一具镀金木棺，上面雕刻着年幼法老的金像。而最内层竟是用纯金制成的，纯金厚为 0.15 ~ 0.21 英寸，棺材内放着法老的木乃伊。

年轻法老的 安息之地

这幅图画是根据卡特画出的草图以及陵墓挖掘时的实景照片绘制而成的，这里清楚地展示了岩石内凿出的图坦卡蒙陵墓全部四个墓室的示意图。在清理完通往墓室的16级台阶后，一道石门将墓室与外界隔开，门上盖有墓地守卫者和一个鲜为人知的法老的印章：图坦卡蒙。一切完好无损！打开这道门，才真正踏入法老的安息之地。其结构从左至右依次是前厅、附厅、厝室和珍宝室。

墓室的前厅里乱七八糟地摆放着宝箱、藤椅、食物、被拆散的战车以及用卡特的话说"一个神秘的黑色神龛"。前厅的尽头有两个真人大小的年轻法老的雕像，他们每人手持拐杖和棍棒，守着自己的安息之地。

挖掘者们用了大约4年的时间才将前厅整理完毕，而得以进入厝室，尽管此前法老的陵墓经常遭到洗劫，然而厝室里的石棺却保存得非常完好。使得人们能够在几千年后仍能一睹法老的尊颜。

a 墓室台阶
b 墓室通道
c 前厅
d 附厅
e f 厝室
g 珍宝室

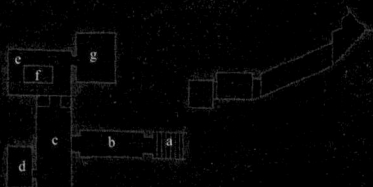

在附厅里，许多凳子和藤椅以及陶器和工具凌乱地堆放在一起，在如此狭小的空间里为何摆放如此众多的物件，颇让人迷惑。

牛形卧榻前面有一个旅行箱和一张乌木床，上面还放着一个休息凳。在卧榻下面有一些木制食物容器，里面有各种干粮和肉类，以供死去的法老享用。

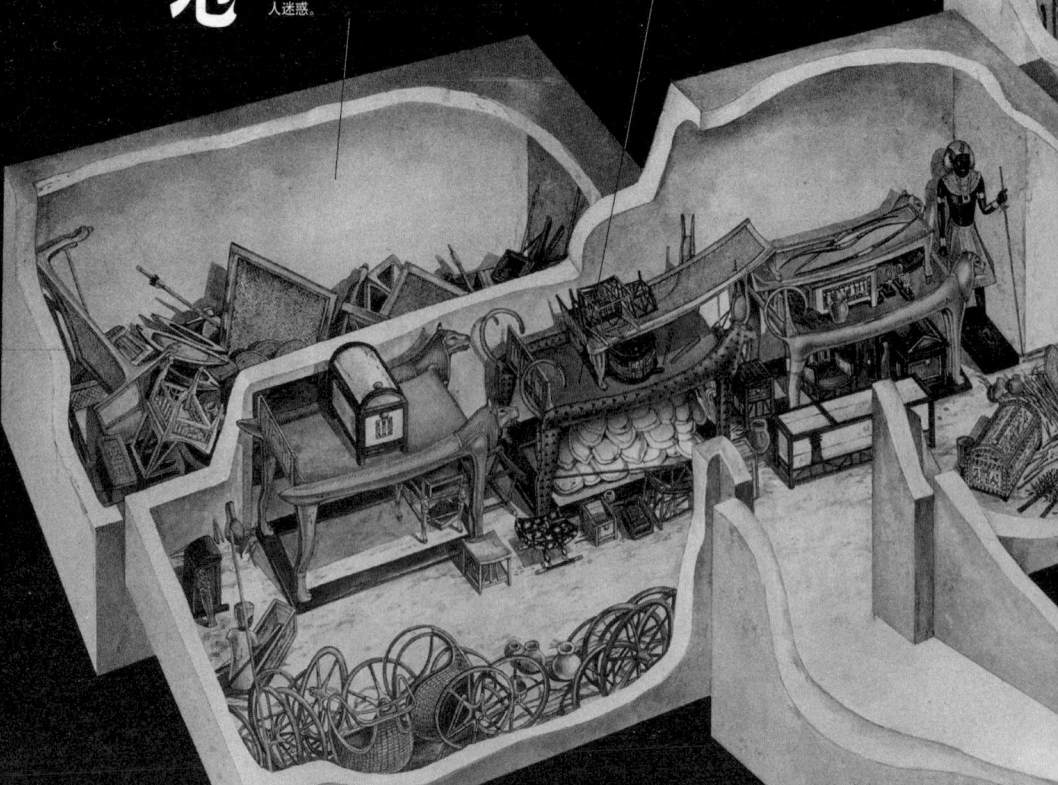

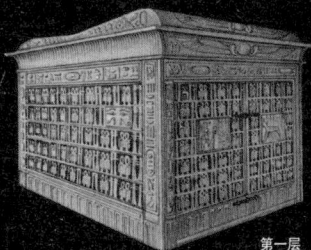

第一层

第二层

第三层

椁室内的六层棺椁，其中外面
五层为木制，第六层为石制。

第四层

第五层

第六层

用来盛放木乃伊的石棺重达1吨，它被五只贴金的木制外
椁密层层地包裹着，其中第二只木椁上有一顶绣着金
花的亚麻布椁衣，它们装饰并保护着法老的石英石
寝棺。唐室的内壁上绘有十分漂亮的墓画和
象形文字，记载了古埃及人所信仰的
各种神灵，这些生动的作品寓意
着法老死后将进入天国。

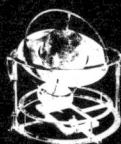

引魂之神，墓地守护神阿努比斯，外形为黑狐狼，身披一亚麻围巾。
它在图坦卡蒙陵墓中的金柜上守了3245年，在它后面是一个贴金
的大木箱，里面有个大理石制成的盒子，放有若干
罐子，用来盛装法老遗体进行防腐作业时取
出的内脏。一旁的几只木船则象征着
把法老载往另一个世界。

在图坦卡蒙法老的陵墓中，卡特等人发掘出 5000 多件工艺品、家具、衣服和兵器，但接下来这些掘墓者遇到了一连串他们预想不到的怪事。1923 年 2 月 18 日，卡纳冯勋爵突患重病死去，死前他曾花巨资支持卡特的发掘工作。他姐姐在回忆录中写道："临死之前他在高烧当中连声叫嚷：'我听见他呼吸的声音，我要随他而去了。'"据说当初卡纳冯勋爵正要步入图坦卡蒙陵墓大门的时候，一只蚊虫突然叮咬了他一下，被叮咬的地方逐渐形成为一个肿块，越来越痛，也越来越大。在一次刮胡须时，他的刮胡须刀片竟然刮破了这个肿块，最终导致了败血症。卡纳冯勋爵死后几个月，他同父异母的弟弟奥布里·赫巴德上校，也曾经进过法老的陵墓，后来突患精神分裂症自杀身亡。一位在埃及开罗医院曾经照料过卡纳冯勋爵的护士很快也死去了。

美国铁路大王杰艾·格鲁德也在参观图坦卡蒙王陵之后不久突然死去；南非一位叫威尔夫·尤埃尔的人在参观了图坦卡

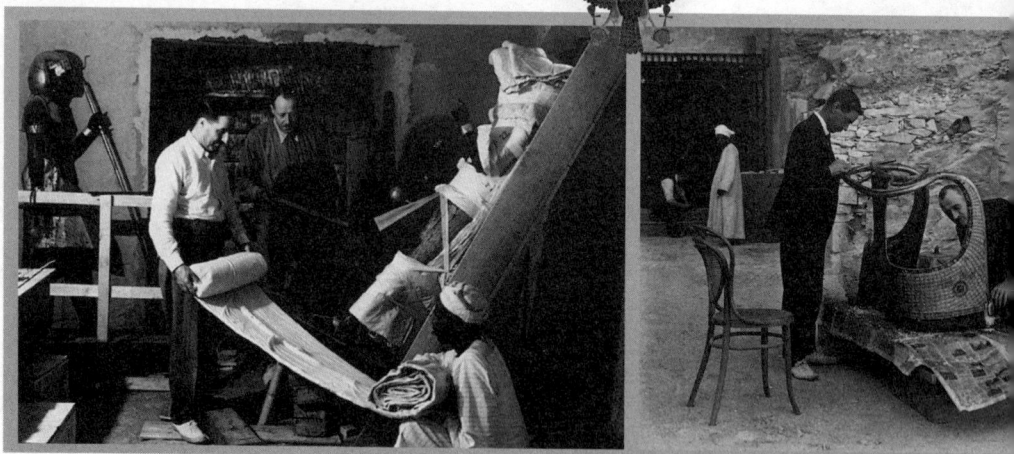

卡特和他的助手正在包裹一座图坦卡蒙陵墓守护者木质雕像，在整个清理过程中，他们使用了超过 1 英里长的棉絮和 32 包廉价棉布用于物品的运输，以防受损。从背景可以看到法老巨大石棺外层的木椁。

蒙王陵后从一艘豪华游艇的甲板上跌入河中溺死；亚齐伯尔特·理德教授全身发高烧并很快死亡，他曾用 X 光检查图坦卡蒙王的木乃伊；后来，卡纳冯勋爵的妻子伊丽莎白也死于一只不明蚊虫的叮咬。参与王陵发掘工作的人接二连三地死亡，这让人们对图坦卡蒙王陵的咒语谈虎色变。

据说法老公主看中了图坦卡蒙的稀世美貌，因而选他为驸

马。在法老死后，图坦卡蒙与老臣阿伊
共执国政，但在他 18 岁时突然猝死。
悲痛欲绝的王后决定以盛大的仪式将其厚葬。
还有人说，王后在图坦卡蒙死后不久就不知去
向，年老的阿伊登基称王。甚至有人说，图坦
卡蒙死得不明不白，他死亡的背后隐藏着一个惊
人的秘密和莫大的冤屈。多少世纪以来，有关图
坦卡蒙陵墓的富丽豪华在全世界传得纷纷扬扬，
但许多盗墓者无缘得见。

　　等到人们真的进入图坦卡蒙的陵墓时，
被陵墓的宏大和华丽震惊的同时，也发
现了陵墓中的咒语：

　　谁扰乱了这位法老的安宁，
　　展翅的死神将降临到
　　他的头上。
　　我是图坦卡蒙的保卫者，

图坦卡蒙的
黄金面具

　　是我用沙漠之火
　　驱赶那些盗墓贼。
　　神秘的咒语和莫名其妙的死亡并没有让科学家就此止步，
一个叫阿瑟·美斯的教授和一个叫埃普森·霍瓦伊特的博士就
没有被吓倒，他们毅然决定与卡特合作发掘王陵谷。但是，就
在美斯教授进入安置图坦卡蒙法老的棺椁的房间时，突然全身

王陵谷

由于这里较为荒芜且干燥，因而法老死后都葬身于此。图坦卡蒙的陵墓在所有法老中可以说是最小的，与相邻的拉美西斯六世王陵简直不可同日而语，不过图坦卡蒙的时代是埃及历史上最辉煌的时代，因而他的墓室里的陪葬品也最丰富。

纯金棺椁

法老的石棺里装有3层形如木乃伊的内棺，其中第1层和第2层为贴金木棺，上嵌宝石；第3层则是纯金打造，重约110.4千克，里面躺着木乃伊，头部和上半身覆盖着一个纯金面具，同样镶嵌了宝石和彩色玻璃。据说法老凭借这9层包装（石棺外面还有5层木椁木棺），法老就可以避开那些盗墓者的侵扰并进入天国。

贴金木椁

瘫软，浑身无力，失去了知觉，并很快停止了呼吸。而刚从图坦卡蒙棺枢房出来的霍瓦伊特博士也忽然感到浑身不适，他梦呓般地告诉别人："我已经看过法老王的木乃伊，同时也受到了法老王的诅咒，我必须从这个世界上消失。"他不久便自杀。

活到65岁高龄才去世的卡特博士是一个例外，他曾经主持过发掘工作。但他最钟爱的小女儿伊布琳·怀特却死于自杀，她曾随父亲一起最早进入图坦卡蒙王陵。她死前写下谜一般的遗书，遗书中称"我再也无法忍受诅咒对我的惩罚了"。这实在让人奇怪。

人们一直以来无法解释为什么发掘金字塔的考古学家接二连三地神秘死亡。尽管很多人认为诅咒之说不可信，但种种从科学角度做出的解释，又实在让人无法信服。

有人认为是陵墓中某种具有放射性物质，然而，这种说法站不住脚，因为参与挖掘工作的埃及工人却能平安无事；还有人认为可能是法老们为了防止后人盗墓，特地在安置棺木的房间的各个角落涂上毒剂；有人认为某些人在发掘王陵时吸入了能引起矽肺病的石粉，可这种现象似乎仅仅在卡特的助手亚博·麦司身上发生。参观者不可能吸入石粉，那么他们又是怎么死的呢？还有人认为木乃伊内存在着能使人的呼吸系统发炎的曲霉细菌，感染者除了呼吸系统发炎外，还伴随着皮肤上出现红斑，最后因呼吸困难而死亡。可是这不能解释为什么只有少数人死于呼吸困难，而且这种曲霉细菌对参与挖掘陵墓的埃及工人根本不发生作用。

金字塔在过去曾一直被认为是古代埃及法老们为自己建造的陵墓，但目前在许多地方都发现了类似金字塔的方底尖顶的方锥形石砌建筑物的踪迹，如非洲的苏丹，美洲的墨西哥、危地马拉、洪都拉斯和巴西，亚洲的中国，甚至有人声称在百慕大区域的海底、月球以及火星与金星等神秘的地带也有发现。到底是什么人在什么时间为什么目的在如此广大的范围内建造了如此宏大的建筑呢？难道神乎其神的法老咒语也与此有关吗？

王陵守护神阿努比斯

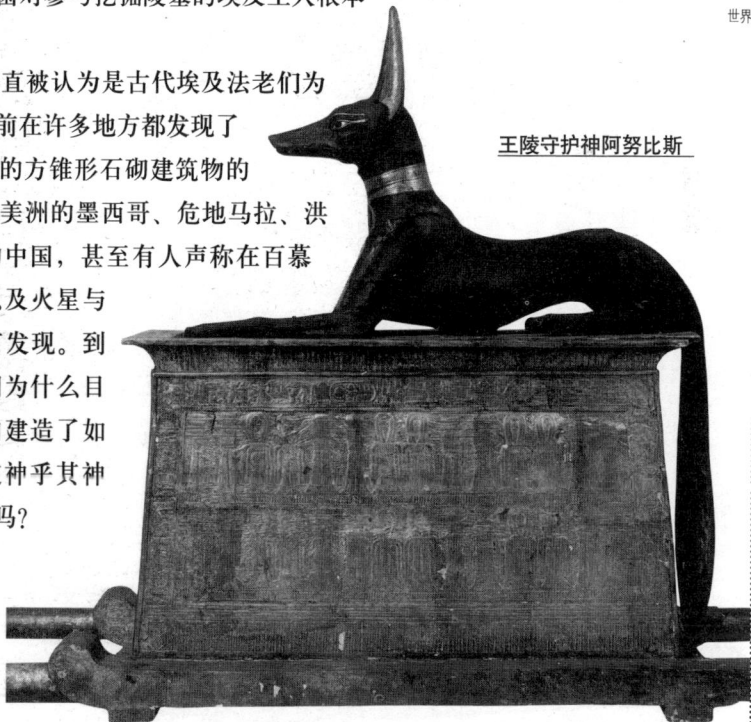

美人鱼之谜

自古以来，有关海洋的神奇传说数不胜数，其中流传最广和最引人入胜的莫过于美人鱼的传说了。虽然人们与它保持着一定距离，小心翼翼地来赞美着它。但是，美人鱼的迷人魅力仍使它流传于世，而且愈传愈真。

关于传说中的美人鱼，一直有着三种不同的说法：

1 "上半身是人下半身是鱼"

1991 年 8 月，美国两名渔民发现人鱼事件，报道如下：最近美国两名职业捕鲨高手在加勒比海海域捕到 11 条鲨鱼，其中

月光下的美人鱼
保罗·德尔沃
在这幅充满冷色调的绘画中，美人鱼专注地看着自己那条代表鱼类尊严的尾巴，细密的鳞片闪着冰冷的铁青色。

有一条虎鲨长 18.3 米，当渔民解剖这条虎鲨时，在它的腹内胃里发现了一副异常奇怪的骸骨骨架，骸骨上身 1/3 像成年人的骨骼，但从骨盆开始却是一条大鱼的骨骼。当时渔民将之转交警方，警方立即通知验尸官进行检验，检验结果证实是一种半人半鱼的生物。对于这副奇特的骨骼，警方又请专家进一步研究，并将资料输入电脑，根据骨骼形状绘制出了美人鱼形状。参加这项工作的美国埃霍斯度博士说，从他们所掌握的证据来看，美人鱼并不是传说或虚构出来

海神波塞冬正怀抱一海豚，在侍女美人鱼的陪伴下，在海面上巡游。

的生物，而是世界上确实存在的一种生物。

2 "上半身是鱼下半身是人"

科威特的《火炬报》在 1980 年 8 月 24 日报道：最近，在红海海岸发现了生物公园的一个奇迹——美人鱼。美人鱼的形状上半身如鱼，下半身像女人的形体——跟人一样长着两条腿和 10 个脚趾。可惜的是，它被发现时已经死了。

3 来自海底的活人鱼

关于对活人鱼的发现也是有的。1962 年曾发生过一起科学家活捉小人鱼的事件。英国的《太阳报》、中国哈尔滨的《新晚报》及其他许多家报刊对此事进行了报道。苏联列宁科学院维诺葛雷德博士讲述了经过：1962 年，一艘载有科学家和军事专家的探测船，在古巴外海捕获一个能讲人语的小孩，皮肤呈鳞状，有鳃，头似人，尾似鱼。小人鱼称自己来自亚特兰蒂斯市，还告诉研究人员在几百万年前，亚特兰蒂斯大陆横跨非洲和南美，后来沉入海底……现在留存下来的人居于海底，寿命达 300 岁。后来小人鱼被送往黑海一处秘密研究机构里，供科学家们深入研究。

老普利尼是第一个详细记述美人鱼的自然科学家。在他

俄罗斯民间童话中关于水下王国的情形。图中有诸多的美人鱼期待国王能选中自己做王妃，而国王最后却选择了羞怯的少女莎拉娃。

这幅 19 世纪中期的绘画主题是一个经典的古老传说：妖娆淫逸的美人鱼在引诱一名年轻男子。传说美人鱼以美色和肉欲诱惑男人，然后吞食他们或将他们永远囚禁于海底。

不朽的著作《自然历史》中写道："至于美人鱼，也叫作尼厄丽德，并非难以置信……她们是真实的，只不过身体粗糙，遍体有鳞，甚至像女人的那些部位也有鳞片。"

那么美人鱼到底在世界上到底存在不存在呢？有些科学家持否定的态度，但 1991 年的考古学发现对这些人来说是一个不小的打击。1991 年春，考古学家发掘到世界首具完整的美人鱼化石，证实了这种以往只在童话中出现的动物，的确曾在真实世界里存在过。化石是在南斯拉夫海岸发现的，化石保存得很完整，能够清楚见到这种动物拥有锋利的牙齿，还有强壮的双颚，足以撕肉碎骨，将猎物杀死。"这只动物是雌性的，大概 1.2 万年前在附近海岸出现。"柏列·奥干尼博士说。奥干尼博士是一名来自美国加州的考古学家，在美人鱼出现的海域工作了 4 年。奥干尼博士说："它在一次水底山泥倾泻时被活埋，然后被周围的石灰石所保护，而慢慢转为化石。化石显示，美人鱼高 160 厘米，腰部以上像人类，头部发达，脑体积相当大，双手有利爪，眼睛跟其他鱼类一样，没有眼帘……"

追溯一下历史就会发现，在早期的海上探险中，也有人仓促看见过美人鱼，甚至在哥伦布 1492 年的航海日记中也提到过美人鱼。他写道："我看见 3 条美人鱼，它们从海上跃起很高，虽然在一定程度上有人样的面孔，但不像传说中的那样美丽。"在另一篇航海日记里，哥伦布还写道："在波尔内岛附近抓到了一条美人鱼般的怪物，它有 1.5 米长，在陆地上活了 4 天，又在装满水的大桶里活了 7 小时。从一开始，它就发出如老鼠般的轻微叫声。

我们给它喂小鱼、贝类、蟹和虾等，但它都不吃。"

18世纪挪威博物学家艾里克·彭特是个研究美人鱼的"专家"。他在《挪威博物志》中为了证明美人鱼确实存在，用了整整8页的篇幅来记叙美人鱼真实历史。

那么，美人鱼是否像传说的那样真实地存在于海洋中呢？

有许多科学家认为，传说中的美人鱼实际上就是海中普普通通的海牛或海豹类动物，它们拥有与美人鱼相似的特征：海牛的身体虽说比妇女的体躯略大，但雌海牛的胸部乳房的位置与人类女性乳房的位置相似。至于在寒带或温带海洋看见的"美人鱼"，则很可能就是海豹。海豹除了有肢状前鳍和逐渐缩小的身体外，还有一双温柔迷人的眼睛，而且它还会跳跃，这些特点都和传说中的美人鱼十分相似。

美国斯密森尼安博物馆脊椎动物部主任居格博士是位著名的隐匿动物学家。一次有人问他美人鱼究竟属于哺乳动物还是属于鱼类时，他说除非他看到美人鱼的标本，否则对这个问题任何一种回答都是臆测。

17世纪时，有人认为传说中的美人鱼就是"儒艮"这种海洋哺乳动物。这种解释在19世纪末得到了普遍认可。

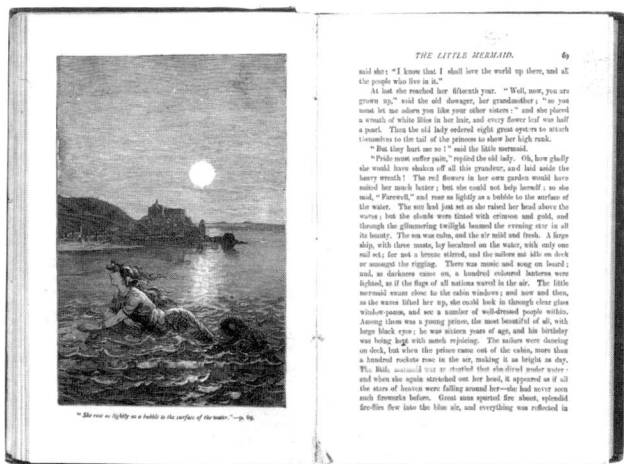

安徒生童话作品《小美人鱼》的书影

在这幅绘画中，美人鱼手执梳、镜，在海滩上梳理长发，美人鱼存在与否，我们不能确定，然而关于美人鱼的美丽传说却流传至今。

人类基因组计划

of human genome plan 解密

1990 年美国政府投资 30 亿美元，启动了人类基因组计划。此后，英、法、日、德、中等国先后加入。2000 年 6 月 26 日，被称为"继达尔文的'生物进化论'以后意义最为重大的生物学发现"的人类基因草图绘制完毕，人类基因组计划初步完成。那么，这项历时 10 年、耗资几十亿、被科学家们推崇备至的人类基因组计划，对人类的生存到底有什么意义呢？

DNA 双螺旋结构模型

首先，让我们了解一下什么是基因：基因是具有独特的双螺旋结构的长链，这条长链是由 4 种脱氧核苷酸分子连接而成的控制生物遗传性状的最基本单位，生物所有的遗传信息和遗传性状都隐藏在其中。

现代遗传学认为，基因是遗传的基础，它决定了人体的各种性状。例如亚洲人有黑眼珠，而欧洲人则为蓝眼珠，此外人的身高、相貌等大都由基因决定。

不仅如此，人类所患的疾病有许多是基因病，基因与疾病有密不可分的联系。

基因病又叫作遗传病，也可说是由于遗传物质的变化而产生的疾病。然而根据人们以往的理解，遗传病是与生俱有的，也就是说这种疾病是从父母那里遗传而来的。随着现代分子生物学的发展，人类对遗传病有了更加深入的了解。目前认为遗传病既有从父母那里遗传而来的可能性，也有不从父母那里遗传而来的可能性。例如尿黑酸症等病，它们既属于基因病也属于遗传病，可从父母那里遗传而来的；然而人人都怕的癌症就是基因病，它不是从父母那里遗传而来的，而是由于在出生后的成长过程中病毒感染或其他原因引起基因改变而产生的。

在人类基因组计划完成的基础上，随着人类对自身基因了解的不断深入，科学家可以根据每个人独特的基因图谱判断人

绿色基因工程

在这片试验田里种植着对环境影响有特别抵抗力的农作物，这些转基因作物可以解决世界上粮食短缺的问题。

的健康情况，并且预测他患某种潜在疾病的可能性，通过这种判断和预测，人们可以进行有效的预防；或是采用基因技术，向人体导入功能基因，修补、改变相应的缺陷基因，达到治疗的目的；或是根据由基因图谱提供的遗传信息，最终解决长期以来一直困扰着人类的一些遗传性疾病，如糖尿病、肥胖症、精神病等。也许在不远的将来，活到150岁将不仅仅是人们的梦想。除此之外，根据癌症、心脏病等疾病的病因，科学家可以在人类基因组计划的帮助下，有针对性地研制和开发价廉物美的基因工程药物。

这种由桑福德发明的基因枪能将遗传因子直接高速射入细胞中，从而改变其结构。

此外，一场"绿色革命"也马上会因基因组计划悄悄地影响与我们日常生活息息相关的传统农业。例如，根据水稻基因图谱我们可以有选择地培育出具有抗旱涝、高产、抗虫等多种优点的农作物。我国著名农学家袁隆平发明的杂交水稻，就是部分利用基因工程学的知识实现的。山东农业大学的研究者在不久前分别在水稻细胞中导入毒蛋白抗虫基因和抗除草剂的基因，培育出了具有明显的抗除草剂效果和抗虫性的新型水稻。

而荷兰的一家公司将转基因技术用来生产一种具有抗菌、转铁等功效的乳铁蛋白，一年的销售额达到50亿美元。

尽管人类基因组计划的初步完成会给人类带来巨大方便，但随着对基因认识的深入，却不可避免地会带来一些"副作用"。这正如美国伍斯特工艺研究所宗教和社会伦理学教授汤姆·香农向人们所警告的：一旦给出了基因组图谱，对隐私权、保密权等伦理道德问题人们就必须加以重新思考。例如有些公司就会以基因特征为标准根据基因信息技术来选择它的雇员，保险公司要通过基因信息来挑选客户。一些社会团体、政府机构或是医务人员或许会出于人道主义考虑对那些携带先天性基因缺陷的人们或家庭采取预防性保护措施，从而使被监护者感到自卑，造成社会偏见，蒙受社会和心理压力，也许他们将在无形的精神压力下痛苦地度过一生。

而且，片面地强调基因的作用，甚至会给种族主义极端理论以可乘之机。如果根据基因对未出生婴儿进行筛选，就会出现

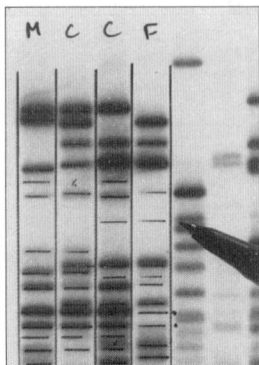

基因排列顺序图表
基因技术对于遗传，医学、生物等科学领域均有重要的价值。

用酶从某一生物体上切下DNA断片，然后嫁接到另一生物体的DNA中，这样就实现了不同物种之间遗传信息与特性的转接。

科研人员在研究人类基因重组的排列顺序。

基因实验的反对者

在一片即将种植经过基因处理的玉米地前表达对基因科技可能导致不良后果的焦虑。

更难以想象的事情。例如20世纪的天才之一、被誉为拥有爱因斯坦之后最杰出大脑的英国剑桥大学理论物理学家、《时间简史》的作者斯蒂芬·霍金也许就会因为患有侧索硬化症这种严重的遗传性疾病而早早地离开了这个世界，然而这样罕见的天才对人类所做的贡献，却是许多正常人自叹不如的。又如，假如发现荷兰著名画家凡·高在未出生时携带着容易导致精神病的基因而剥夺了他生的权利，那么一幅幅非凡的画作就不可能被这个世界所拥有了。

更何况，某些别有用心的个人、组织或国家利用基因组计划的成果来制作"基因武器"，针对不同群体或种族的特异性基因，实现赢得战争、达到灭绝整个种族的目的。美、英、俄、德等国的专家都已经认识到了这种可能性。这并非耸人听闻，而且早在1997年英国就成立了攻关小组，由生物技术、医学等多学科专家组成，研究其对策。

人类基因组计划的完成和其他一切科学技术的进步一样，既可以给人类造福，也可能给人类带来灾难，因此人类应该慎重地利用这种高精技术，只有这样才能使人类社会更加美好。

为了将一种生物的遗传特征转移到另一种生物上去，美国基因工程人员采用对哺乳动物植入外来基因的方法：他们分离出一种带遗传信息的老鼠基因，将其他老鼠的遗传材料组合后再植入其体内，其结果是长成了800倍生长激素水平的巨鼠。

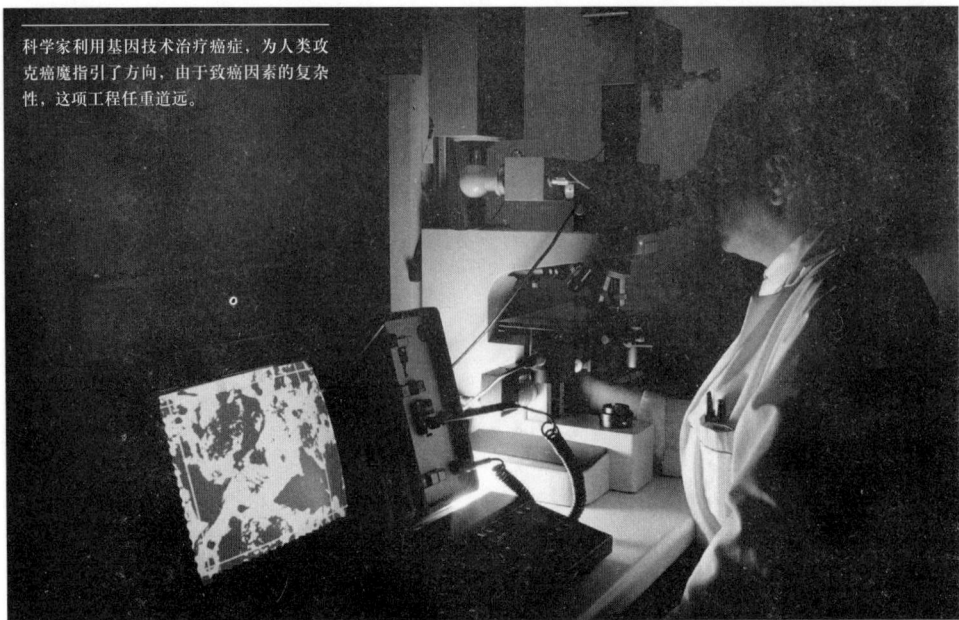

科学家利用基因技术治疗癌症，为人类攻克癌魔指引了方向，由于致癌因素的复杂性，这项工程任重道远。

人类为何会得 癌 症？

癌症这个词现在频繁出现在人们的嘴边，可谓谈癌色变。它夺去了无数人的生命，已经成为威胁人类健康的最可怕的"杀手"之一。有资料显示，全世界每年因癌症死亡的多达几百万，近年来，儿童患癌率显著增加，这一现象令医学家们大为震惊。癌症如此可怕，不禁令我们疑惑：究竟是什么导致人类会得这种致命的绝症呢？

癌细胞示意图

带着这个疑问，科学家们进行长期的研究，现今已经了解和掌握了一定的规律，并取得了一些临床治疗上的进展，得了癌症，已经不再意味着就是走向死亡了；但是科学家们并未把致癌症的真正原因找到，每年仍有大量的人因患癌症而死亡。所以说，要想彻底攻克这个难关，并揭开它的秘密，还要有相当长的路程要走。

科学家们首先把注意力放在了寻找致癌物质上。他们研究了患肿瘤的动物，通过研究发现，诱发癌症的主要因素有：一定的化学物质和物理、环境方面的因素。举例来说，许多日本人在广岛的原子弹大爆炸中因核辐射患血癌、长期工作在铀矿的矿工患肺癌的概率大大高于普通人，而且死亡率也相当高。

然而，科学家们在进一步的研究中发现，日常生活中也不乏患癌症的人，那么日常生活用品中自然也含有致癌物质，到底哪些物质含有致癌物呢？经过统计发现，诱发癌症的因素还有煤油、润滑油、香烟中的尼古丁、发霉的爆米花和粮食中的黄曲霉素等等。

还有一些科学家提出，癌症还与遗传因素有关，致癌物可能通过基因突变传给后代。根据一部分医学工作者研究的结果，有一种癌症属于"遗传性癌"，它是直接由遗传决定的。进一步的研究之后，医学专家们又发现，那些属于非遗传型的癌症，竟也呈现出明显的遗传倾向。比如，胃癌患者的子女得胃癌症

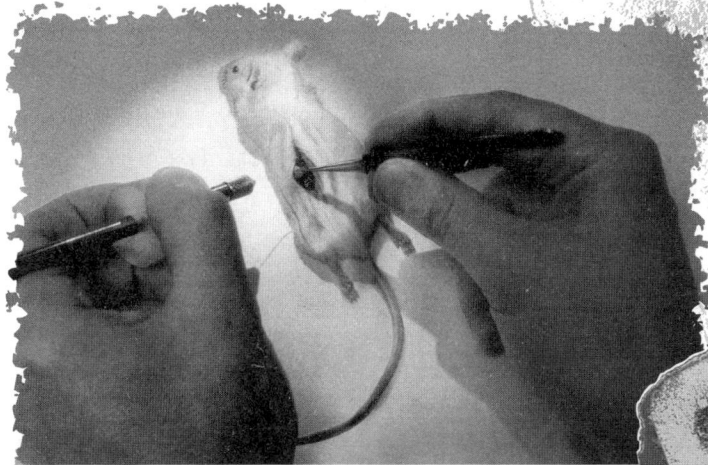

对一只老鼠进行基因注射，通过基因处理使其感染癌症，然后进行癌症治疗实验。在癌症还没有被征服前且基因技术的可靠性仍受到质疑时，以其他哺乳动物作为研究对象也是一种不得已的选择。

的概率比一般人高出4倍；母亲患乳腺癌，女儿的乳腺癌发生率也比一般人要高。很显然，遗传因素对癌症所起的作用是不容忽视的。相关研究还表明，某些人对癌症具有易感性，主要因为体内某些酶的活性降低，染色体数目异常或畸变。总之，遗传上的缺陷很有可能促发癌症。但遗传因素是怎样促发癌症的，却仍然令医学家们感到费解。

近年来，对有一些医学专家提出，绝大多数癌症与环境因

电子显微镜下的大肠埃希氏菌

它综合了自然发生癌症治疗中人的白细胞介素-2，被广泛应用于生物技术和分子遗传学研究。

素有关，例如，土壤中镁的含量低的地区，胃癌的发病率就相对较高一些；皮肤癌的发病率和饮用水受砷污染的程度密切相关；饮用水中的碘的含量如果过低，甲状腺癌的发病率就会上升等。可见，环境因素对癌症的发生起着不可忽视的影响。

综上所述，我们看到，诱发癌症的因素很多，但是这些致癌因素之间并没有什么共同点，这到底是为什么呢？经过一系列临床研究实验后，医学家们又发现，同样的致癌因素，并不一定都能诱发癌症。也就是说，所有的致癌因素可能都不过是外在因素，还有可能存在着内在的因素。因此，科学家们又开始了致癌的内在原因的探寻过程，经研究发现，癌组织是由正常组织细胞病变而来，具体来说，人的机体内都存在着克服癌因素的抑癌因素，在这种抑癌因素的作用下，细胞才会健康发展。如果抑癌因素的作用减少或消失，正常细胞就会发生基因突变，代谢功能紊乱，细胞也因此无限地分裂、增生。一般地说，正常细胞演变成癌细胞，再引发癌症是一个相当漫长的历程，大约需要10年多的时间。同时，科学家们又发现人体基因内存在着癌基因，这是造成正常细胞癌变的关键。其实，人体

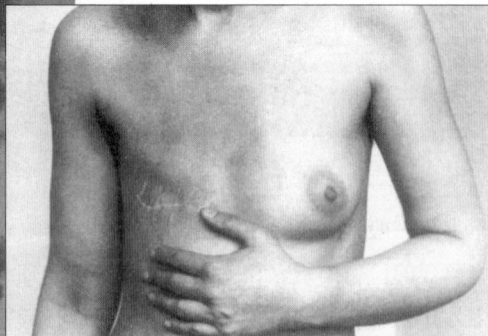

随着工业化的不断提升，大气污染也日益严重，导致癌症发病率不断攀升，这在发达国家尤其明显。

乳腺癌手术后留下的疤痕

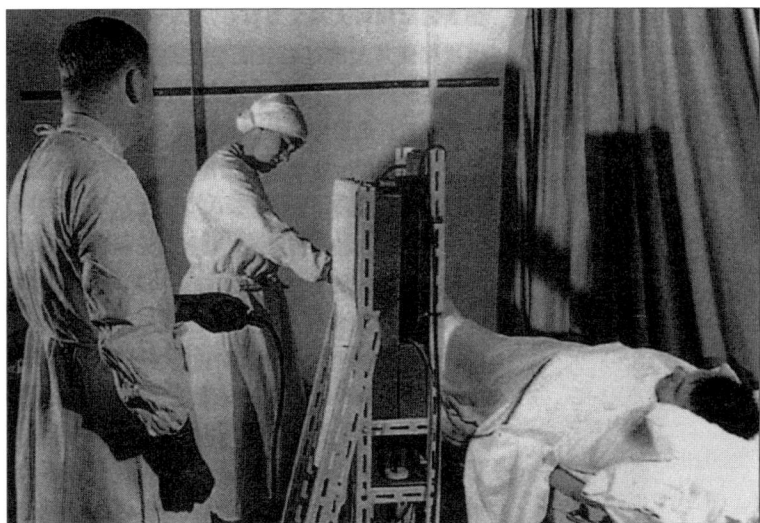

20 世纪 30 年代，癌症病人在伦敦皇家·马斯登医院接受放射性同位素治疗。

随着科技的不断发展，也许不久以后人类就能研制出彻底治疗癌症的药物。

内不仅存在有癌基因，还有抗癌基因。抗癌基因的发现，使人类对癌症的研究有了突飞猛进的进展，是人类最终战胜癌症的前提。科学家们把培养的抗癌基因注入动物身上，并取得了初步成功。如果研究能够再深入一步的话，有望在不远的将来把这种方法应用于人类的癌症治疗上。将这种抗癌基因注入人体后，将可以有效地阻止癌细胞生长。

一部分医学专家在不断研究细胞癌变的过程中还发现，癌细胞的氧含量很低，而蛋白质含量却很高，而且癌细胞的表层组织越深入其裂变能力越差，直至坏死。因此，细胞缺氧可能也是诱发癌症的因素之一。当局部组织受到损坏，并进入窒息状态时，会改变其生存方式，癌细胞由此生成。

尽管关于癌症的成因，可以说是林林总总，莫衷一是，但这些都只是具体细节方面的分歧，大体上来说，都有一定的合理成分在其中。但从根本上讲，人们并没有把癌症的病因彻底弄清楚，仍处于推测假说阶段。面对着癌症这个疯狂的病魔的肆虐，医学家们在大多数情况下仍然是束手无策，无能为力。但"魔高一尺，道高一丈"，随着科学的进步，经验的累积，研究的深入，相信终有一天，人类会彻底弄清楚癌症的病因，彻底地降服这个恶魔。那时，癌症就会像伤风感冒打喷嚏一样平常，不再那么可怕。那一天迟早会到来，让我们一起期盼吧。

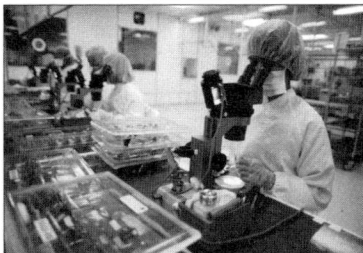

艾滋病

从何而来？

人类在同大自然的斗争中遇到过一个又一个的绝症，从肺结核、麻风到癌症。如今，肺结核、麻风对人类来说早已不再是绝症，在人们把精力集中到解决癌症上的时候，又一种绝症出现了，它就是目前搅得全球鸡犬不宁的艾滋病。

自从 1978 年在美国纽约发现第一例艾滋病人以后截至 1999 年 11 月 26 日，世界卫生组织根据各国官方提供的统计数字表明，全世界已有 163 个国家和地区报告发现了艾滋病人。据世界卫生组织的专家们估计，全世界艾滋病实际患者已达 3400 万。全世界已有 1600 万人死于艾滋病。对于艾滋病的病因，许多科学家进行了大量的研究，但是至今还没有弄清楚。大多数的科学家认为艾滋病的发病与一种 T 细胞有关。

艾滋病病毒模型

1983 年 5 月，法国巴斯德研究所的吕卡·蒙塔尼埃研究组从病患者体内的淋巴结里分离出了艾滋病病毒。这是人类首次发现艾滋病病毒。这种病毒能够附着 T 细胞的表面进行繁殖，受感染 T 细胞很快就会停止生长，丧失免疫功能而死亡。而新繁殖的艾滋病病毒又释放到血液中，寻找新的 T 细胞。这样循环往复的进行导致患者的免疫力下降，最终失去抵抗力。

也有少数的科学家认为，艾滋病并不是仅仅由一种病毒引起的，很可能还有其他的因素在起作用。

1986 年上半年，世界卫生组织决定将艾滋病病毒定名为"人体免疫缺损病毒"，英文缩写为 HIV。艾滋病即由 HIV 潜伏性和作用缓慢的病毒引起的疾病，英文缩写为 AIDS。中文音译为艾滋病。1988 年，世界卫生组织为了唤起世界各国共同对付这种人类

关于艾滋病的起源问题，目前较为一致的说法是来自中非的绿猴。

历史迄今出现的最厉害的病毒，定每年 12 月 1 日为"世界艾滋病日"。

关于艾滋病的来源，说法也是各种各样。起初人们认为艾滋病是由同性恋引起的。因为在美国一些大城市中的同性恋中艾滋病患者居多。可是，经过许多学者的研究后，发现早在古希腊罗马时代，西方国家就已存在同性恋问题，而在东方国家的古代社会里，也同样存在这一问题，如果因同性恋导致艾滋病的产生，那么必定在古代就流行了，为何在当代才传播开呢？从而得出同性恋并非艾滋病起源的结论。

最令人震惊的说法是有人称艾滋病病毒是美国细菌战研究的产物。他们认为艾滋病是美国生物战研究中心利用遗传工程基因重组的新技术制造出来的新病毒。美国在越南战争期间，开始了对这一问题的研究，目的是制造一种新型的生物战武器。研究者首先在中非的绿猴身上做试验，后来转为在以减刑为条件自愿接受该病毒的一些服重刑的囚犯身上试验，囚犯中不少是同性恋者。他们被释放后，便把艾滋病带到社会上，并由各种途径

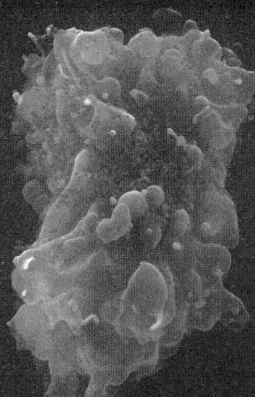

电子显微镜下，人类免疫缺损病毒（蓝色）正在袭击一个 T-4 淋巴白细胞。科学家们在 20 世纪 60—70 年代发展的细胞生物学基础上，对 HIV 的研究已取得了很大的进展，然而由于 HIV 感染的迅速蔓延，医学科学尚不能制止人们患病和防止那些感染了 HIV 的人们发展成为艾滋病。

艾滋病病毒入侵机体的过程示意图

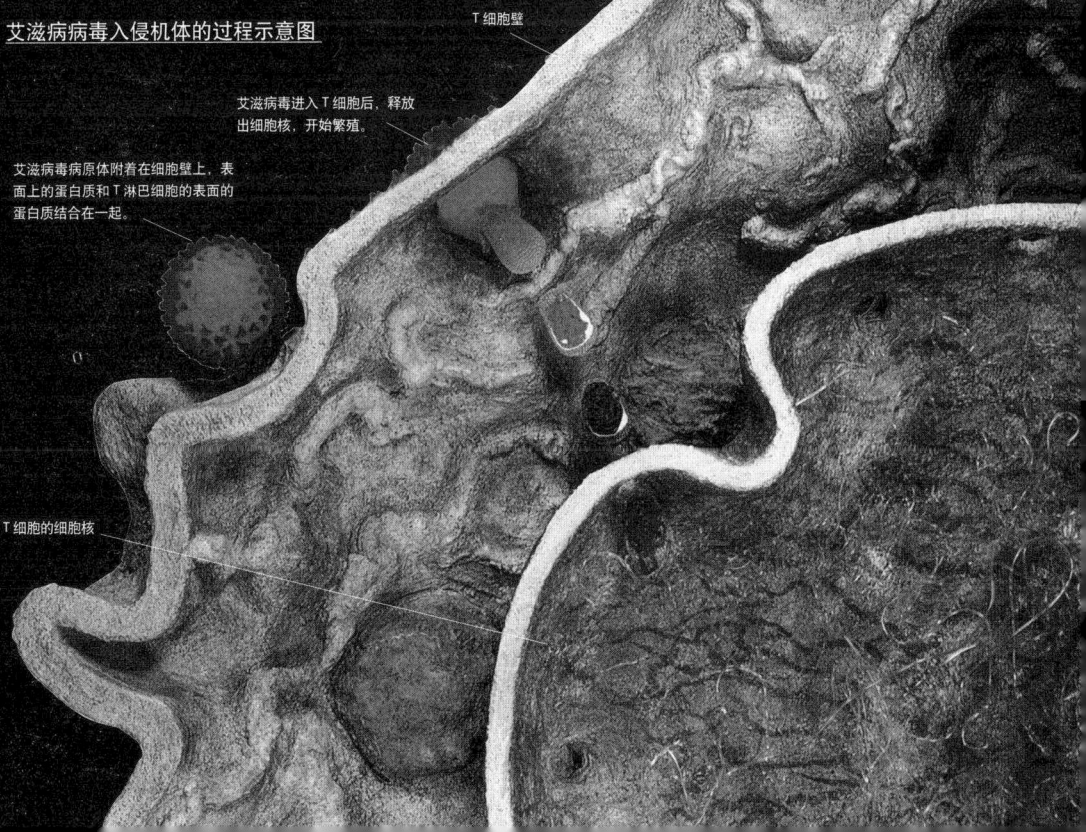

T 细胞壁

艾滋病病毒进入 T 细胞后，释放出细胞核，开始繁殖。

艾滋病病毒病原体附着在细胞壁上，表面上的蛋白质和 T 淋巴细胞的表面的蛋白质结合在一起。

T 细胞的细胞核

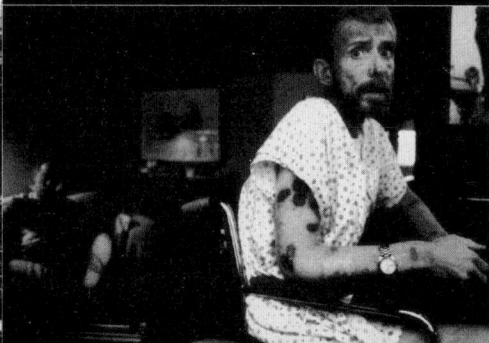

绝望的艾滋病患者

1993 年巴黎协和广场上的方尖碑套上了一个巨大的避孕套——这标志着一次预防艾滋病行动的开始。

红丝带

代表了人类与艾滋病抗争的决心和对病患者的关爱。

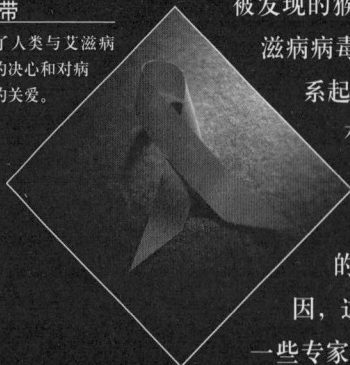

传播开来。这是试验者和被试验者始料不及的后果。这一观点引起各种各样的议论和猜测。尽管美国有关方面否认这一说法。但一些人还是将美国为全世界艾滋病最多的国家与此问题联系起来，持肯定态度。

还有两位英国科学家曾提出过"外空传入地球"的假说，认为艾滋病病毒可能早在外空中存在，但因千百年来缺乏传播媒介，所以人类一直没感染上。后来由于一颗飞逝的彗星撞击了地球，将这种可怕的病毒带到地球来，祸害了人类。这种假说还没有找到可靠的事实依据来证明。

目前，人们又提出了"猴子传给人类"的假说。科学家经过研究后发现，在猴子身上存在与人类艾滋病患者相同的病毒，被发现的猴子生活在非洲。研究者们从血液接触可以感染上艾滋病病毒，以及中非地区高发病率与奇特生活习俗等方面联系起来，假定艾滋病病毒是猴子传染给人类的。根据现有的资料显示，早在美国出现艾滋病之前，中非地区的卢旺达、乍得等国家和地区就流行过艾滋病。

有人推测类似艾滋病病毒的东西最早存在于当地的猴群中，由于当地人经常被猴抓伤以及吃猴肉等原因，这种病毒就进入了人体，逐渐演变成了艾滋病毒。据一些专家估计，携带艾滋病病毒者可能高达非洲中部城市人口的 10%。在 20 世纪 80 年代，扎伊尔的金沙萨市在对千份血液样本加以检验后，发现其中 6%～7%带有艾滋病病毒。赞比亚首都卢萨卡也做过一次广泛的调查，发现 18%的输血者带有艾滋病病毒，在赞比亚 1987 年间便约有 6000 名儿童接受艾滋病治疗。而非洲某些地区 5%的新生婴儿都带有艾滋病病毒，其中一半至 2/3 的人在两年内会演变成艾滋病。法国一位研究人员偶然了解到中非地区有些居民有以下生活习俗：将公猴血和母猴血分别注入男人和女人的大腿和后背等，以刺激性欲；有些居民还用这种方法治疗不孕症和阳痿等病。许多的专家认为，艾滋病就是这样传染给人类的。但是中非部分居民的奇特生活习俗的历史无疑长于艾滋病流行史。研究者们进而假设：可能在很早以前，猴子就将艾滋病病毒传给人类，但因偶然的原因几度自生自灭。在现代，由于大量欧美人员到过非洲，传染上了这种病毒，并把艾滋病病毒带回欧美，加之性生活混乱和吸毒等流行，所以艾滋病在欧美地区就广泛传播开来。

目前，人类对艾滋病的研究已取得许多重大成就，但它究竟怎么起源，至今各说其是，很多专家认为这种争论还只是一个开始，要想弄清艾滋病的来源仍需要相当长的时间。

这些关于艾滋病毒的刊物，在英、美、法、西班牙等国家宣传开来，作为艾滋病研究机构的主要宣传品，它详细地介绍了艾滋病毒的来源，传播途径和预防的各种措施。

华盛顿广场前举行的悼念艾滋病死难者的活动。截至 2003 年全世界感染艾滋病的患者已超过 3000 万，几百万人不治而亡。时至今日，艾滋病已成为人类的最重大的医学难关之一。

Tempural

Nasal

Zygomatic

Maxilla

Mandible

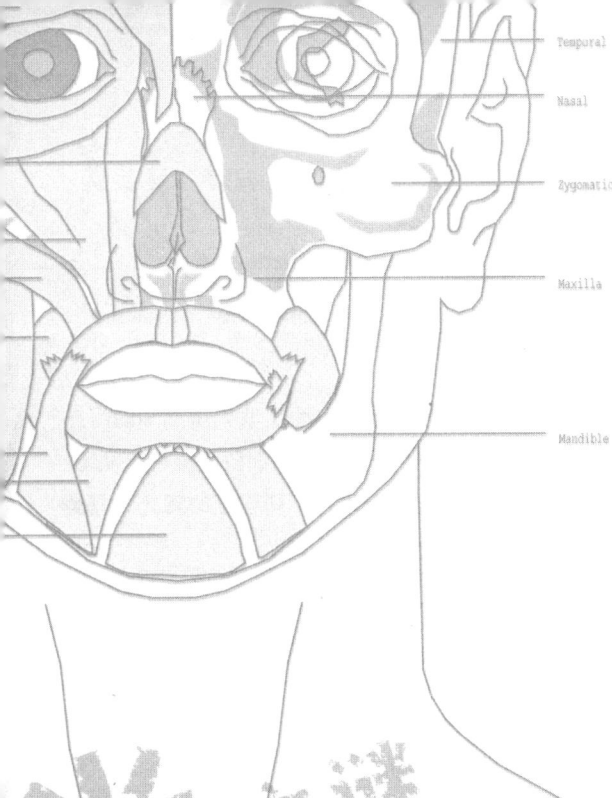

人体科学「之谜」之谜

BONES AND MUSCLES OF THE HEAD

光之谜

之谜 要做梦

催眠 大

Mystery of Somatology

破译人体辉光之谜

在自然界里，很多东西都能发光。除了我们所熟知的海洋里的鱼类和浮游生物能发光外，一些腐败的细菌菌丝也能发光。现代科学证明：每个人的身体都能发出不同程度的辉光，只是一般人发出的光太弱了，肉眼根本无法看见。

人们曾在中国古代的一些宗教画中发现一些周身总是笼罩着一层薄薄光辉的圣人形象。在早期的西方，基督徒将他们神圣的始祖——耶稣用美丽的光环来围绕。在其他一些国家的古老宗教图画中这种光环也会被看到。

那些圣人们是否周围真的有一层辉光，我们不得而知。但是到了近代，却屡屡有人发现人体辉光的现象。

丹麦著名医生巴尔宁早在1669年就发现一个身体会发光的意大利女子。意大利在20世纪30年代，也发现过一个发光的女子。她的全身好像有光环环绕，特别在她晚上外出时，光环就更为明显。

这些奇特的现象引起了人们极大的关注。

为了证明人体光环是否存在，英国伦敦的华尔德·基尔纳医生做了一个实验。他用一块用一种双青花染料刷过的玻璃观察人体，结果发现的确有一圈约15毫米宽的光晕存在于人体周围，若隐若现，色彩丰富，非常奇妙。而且随着人的健康状况的变化，光晕的具体形状和色彩也会发生改变。

后来很多仪器被科学家们发明出来，用来观察人体辉光。在对人体辉光的进一步研究中，科学家们取得了不少成果。

在20世纪80年代以后，美、日等国的许多科学家在对人体辉光的研究中大量使用了高

拿石榴的圣母 意大利 波提切利

在圣母子头顶有一层光环笼罩，表现了基督教的神圣与肃穆。

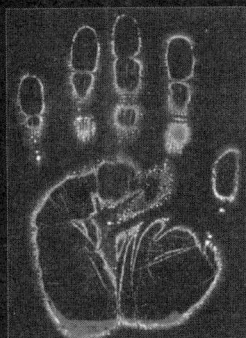

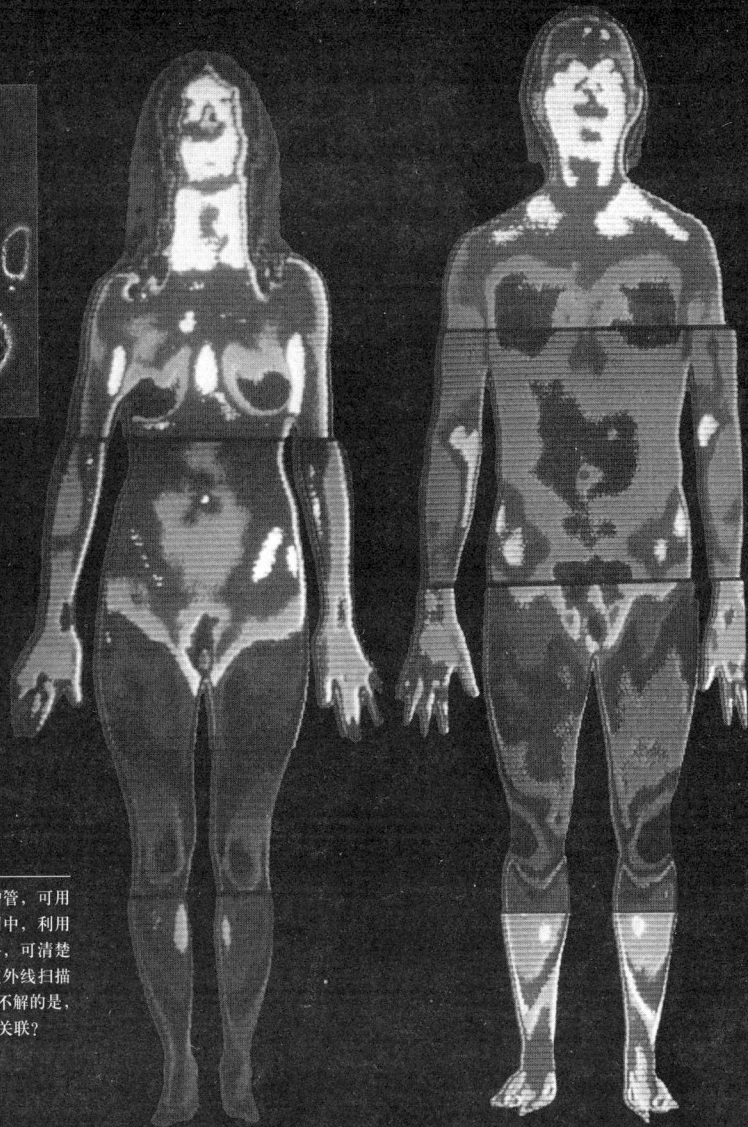

采用灵敏度极高的光电信增管，可用于检测微弱的光线，在上图中，利用光电信增管观测黑暗中的手，可清楚地看到光晕。而右图只是红外线扫描后得出的影像，令科学家们不解的是，红外线与人体辉光究竟有何关联？

科技仪器。日本的科学家就成功得到了人体辉光的图像显示，他们所采用的光电信增管和医学装置，是世界上灵敏程度最高的，可用于检测微弱光线，现在这一学术研究成果已被医学和保健所广泛采用。

苏联生物学家塞杰耶夫用其发明的一种仪器将与心电图相连的静电和磁场变化进行了完全记录，这种仪器发现了人体某些部分显示出明亮闪光点，而令人惊奇的是针灸图上的 741 个穴位与这些点的位置完全一致。

科学家们对人体辉光的研究已不仅仅作为一种出于好奇所做的人类探索或科学研究，

而是一种具有很高的实用价值的科学行动。

有人曾对一个饮酒者的手指进行辉光拍摄，结果发现在饮酒过程中，此人的手指辉光是逐步变化的。开始饮酒时，此人手指辉光发亮、清晰，而后辉光逐渐不调和，并开始向暗淡发展，随着饮酒者饮入酒量的增多，辉光便无力地闪烁。

日本医学专家稻场文夫教授发现饮食不同的人其辉光也不相同。他是通过一种能准确计算物质光子个数的仪器得到这一结果的。北欧、北美人生活水平高，其辉光较亮；生活水平低的南美人，其辉光则相对较暗。

科学家们随后又发现，人体不同部位、同一人体所处不同状况时，辉光都存在着巨大的差异。如手臂辉光较人的头部浅蓝色的光晕稍深，为青蓝色，胳膊、腿、躯干的辉光亮度相对手脚辉光亮度要弱。人在不同精神状态下辉光也不同，如平静的时候，为浅蓝色辉光，发怒时

人体辉光
人在情绪不稳定时其辉光的颜色和明亮程度也会相应地发生改变。总的来说，人体躯干发出的辉光要弱于四肢和头部的辉光。

呈橙黄色辉光，恐惧时辉光为橘红色。另外，年龄的变化也会使辉光发生相应变化，辉光会随年龄的增长而增强，到中年以后辉光呈减弱趋势。此外，普通人的辉光弱于身体强壮的运动员的辉光。

有趣的是，人体辉光还可用以衡量爱情达到的程度。美国学者曾在一家照相馆用一种高科技微光检测仪对准备结婚而来拍结婚照的男女进行观测，发现女性指尖上的辉光会在双方挽手时特别亮，并向男方的指尖延伸；男性指尖上的辉

研究表明，经常参加锻炼的运动员身体发出的辉光要强于普通人的辉光。

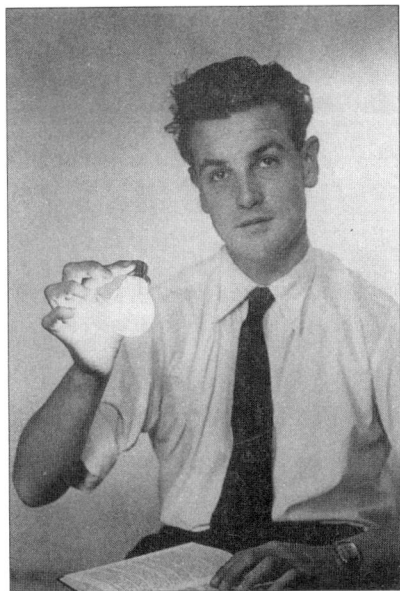

能使灯泡闪亮的人

威廉·布莱恩有一种奇异的功能，他在没有电源的情况下，仅靠摩擦几下自己的身体就可以使灯泡闪亮，而本人与常人无异。不知这种能力是否与辉光有关。

光顺应女性光圈向后缩。双方彼此的辉光在拥抱接吻时格外明亮。还有一个同样有趣的发现，当单恋的人与对方在一起时，两人的辉光会一暗一亮，一弱一强，出现正好相反的现象。因而科学家们得出结论，可以利用人体辉光检测出恋人是否真心相爱或能否组成家庭。

科学家还发现，随着行为意向、思维方式的改变，人体辉光也会相应变化。若一个人产生用刀子去捅死另一个人的想法时，会有红色的辉光出现在他的指尖；与此同时，有预感的受害者会在指尖出现一团橘红色，产生十分痛苦的弯曲状，此人的身上也会出现蓝白色的辉光。当犯人说谎时，身上则会交替闪耀各种色彩的辉光。

辉光呈红亮色说明身体健康，辉光呈灰暗色则说明病情严重。健康状态下的人体辉光类似太阳的"日冕"，辉光为很强的"之"字形则表明此人已得了癌症。

教练员在体育比赛或训练时，可利用人体辉光了解运动员的身体状况。然而科学家们至今也无法解释神秘的人体辉光是怎么产生的。

有的科学家持这样的观点，认为人体发光仅仅是荧光现象。原因是这些人血液里含有特别强的有丝分裂射线，这种射线能激发体内的某些物质，于是荧光便产生了。还有人认为，人体辉光的产生是由于体表的某种物质射线和空气的复合。有的科学家则提出，辉光产生于人体盐分和水汽以及人体高频电场的作用。当然也有人认为，当虔诚的信徒全神贯注在宗教信仰之中的时候，神经系统高度兴奋，皮肤也会发出光来。另有观点认为，人体的光导系统或经络系统的外在显现是产生辉光的原因所在。在心灵学家看来，辉光是人的灵魂不死的精神证明，但这显然是一种具有迷信色彩的说法。

无论何种解释，都没有充分的科学证据来说明辉光的真正成因，至于为什么只有少数人才能发出可见光来，更是一个不解之谜。

尽管关于人体辉光目前仍无确切定论，但随着研究的不断深入，总有一天会找到答案。

人脑
之谜

人类在世界的历史上创造了许多伟大的奇迹，而这些奇迹的创造要归功于我们人类有一个与众不同的脑。但是，尽管人类创造出了种种的奇迹，但是人脑对于其自身的认识却充满了未解之谜，等待着我们去探索、去解决。

人脑之谜面临的问题很多，最首要的问题就是大脑的工作机理和它的微观的机制。目前人们对这个问题的认识仍然是很少的。例如：人脑是如何处理信息的？是序列式还是并列式处理？他们又是怎样具体进行的？人脑中信息的表象是什么？怎样对化学密码

大脑俯视图

脑开始被认定为生物体全身活动的主要协调器官并不算久，由于脑非常稳固地隐藏在颅腔内，所以它的构造成为人体全部器官中最迟被了解和详细研究的，而腹腔内的器官因易被触摸到，所以很早以前就有了许多关于其内部构造的描述。自古以来，基于肝脏一直被认为是人体内最大的器官，加上本身又拥有最丰沛的血流灌注，人们曾一度相信肝脏是人类心智和灵魂所在，虽然这种认定随后被心脏所取代，至今，"心脏就等于心智"这个错误观念多少还有某种程度的流传。直到现在人们才逐渐了解到，人的大脑重量仅占整个体质的2%左右，然而它却消耗掉血液中25%的氧气，它掌管着人类的意识、记忆、理性和智力，同时也是情绪起伏的决策器官。

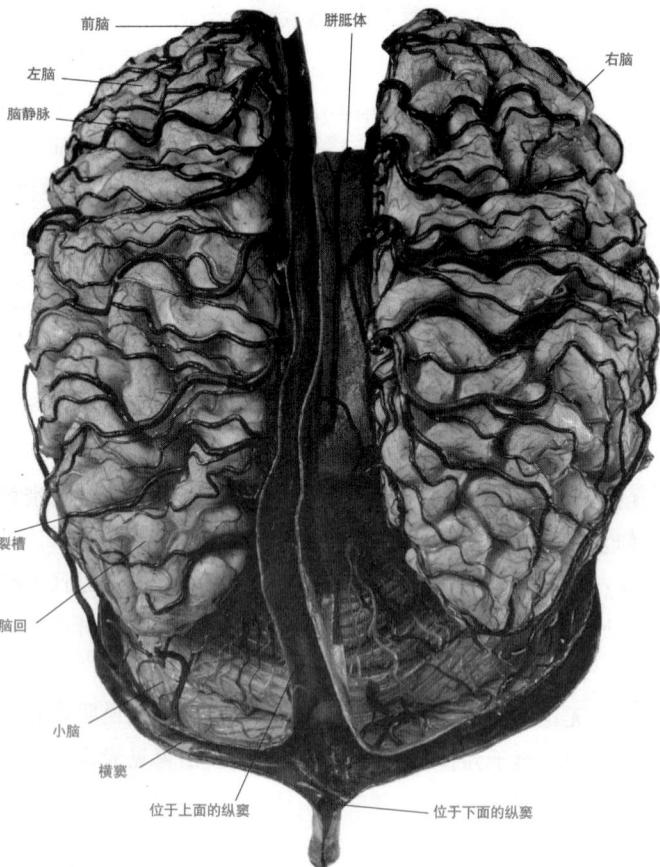

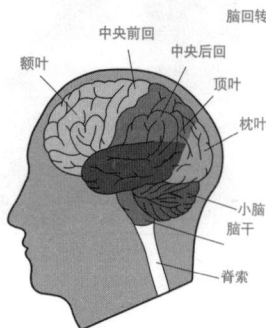

前脑 胼胝体 右脑
左脑
脑静脉

脑回转间的裂槽
脑回

中央前回
中央后回
额叶 顶叶
枕叶
小脑 小脑
脑干 横窦
脊索 位于上面的纵窦 位于下面的纵窦

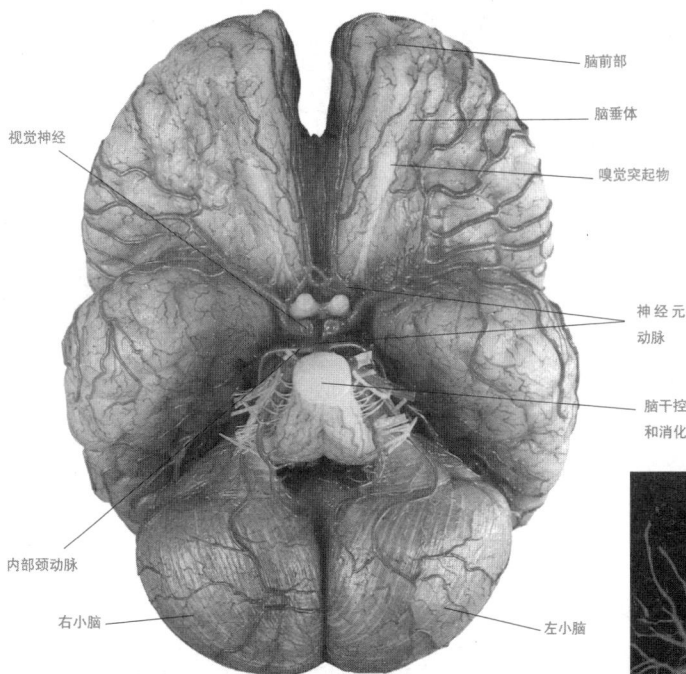

视觉神经

脑前部

脑垂体

嗅觉突起物

神经元
动脉

脑干控制呼吸、心跳
和消化系统

内部颈动脉

右小脑

左小脑

大脑仰视图

人脑分成三大主要区域，脑干和小脑调节人的基本生命活动，如呼吸、心跳、消化系统及各种姿势等，大脑处理信息，人的思维活动就是在大脑中进行的人出生时，大脑里有1万亿个神经细胞，随着年龄的增长，大脑中的神经细胞数量逐渐减少，因为神经细胞死亡后就不能再生。

世界科学未解之谜
119

脑神经元

人类的大脑就像一个功能强大的网络系统，其中包含了数十亿个脑神经元，它们对于记忆的存储和提取发挥着重要的作用。

做出阐释？其次是关于脑功能和结构异常引起的疾病的问题。占首要地位的可以说是精神分裂症，病人有思维障碍、幻觉、妄想、精神活动与现实活动脱离等症状。大约有 1% 的人可患此病，这个比例意味着在我国将有上千万的患者。对于它的病因目前仍不很清楚。另一种疾病是癫痫，人口中约有 0.5% 的患病概率，对人类的健康构成严重的威胁。病因也不是很清楚。再有一种疾病就是老年痴呆症，在病人的脑中可以看到一种特殊的蛋白质的沉积，但是关于它是如何产生，在发病过程中所起的作用如何，都还是一个未解之谜。

最后一个问题就是人类对自己大脑的认识。在近代的科学史上，生理学家们一致认为：大脑皮层是智力和意识活动的中枢，并且认为大脑的发达程度和智力的高低与脑子的大小有密切的关系。为了弄清这个问题，医学家们甚至解剖过许多杰出人物的脑子。通过无数的实验得出结论：正常成年男子的脑重1.42 千克左右，女子的脑重比男子要轻 10%，如果男子脑重轻于 1 千克，女子轻于 0.9 千克，人的智力就会受到影响。

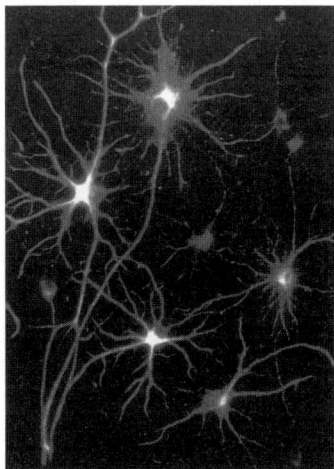

此图显示了人在高声朗读时和默读时脑的两种状况。

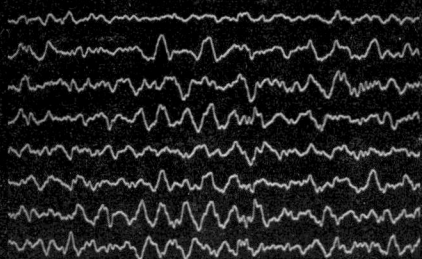

但是，随着科学的发展，往往可以得出一些与定论相悖的结论。例如英国的神经科专家约翰·洛伯教授就指出：人类的智力可能与脑完全无关。一个完全没有脑子的人一样可以有极好的智力。他提出的理论根据是：英国的谢菲尔德大学数学系有一个学生，每次考试成绩都名列前茅，可是在对他的脑部进行探测时却发现，这个学生的大脑皮层的厚度仅有 1 毫米，而正常人是 45 毫米。而在他的脑部空间充满着脑脊液。另外，教授还发现一位医院女工作人员，根本就没有大脑这一部分，而她的智商却高达 120。

如果说大脑皮层是智力和意识的活动中枢，那么我们如何解释"没有脑子的高才生"的现象？洛伯教授发现的"水脑症"，不是根本没有大脑，而是有脑，但不及正常人的1/4，既然如此，那么对于他们的超常智力又作何解释？

在人脑探秘中，科学家们现在进行的另一个关于人脑中枢的研究是：人脑中是否存在着嗜酒中枢。我们经常见到一些嗜酒如命的人，为了帮助这些酒鬼戒酒，有些科学家首先想到这样一个问题，在大脑中有负责正常人进食和饮水的延脑，那么有没有嗜酒的中枢呢？有的话，这种中枢又位于哪里呢？

苏联的科学家们首先进行了这方面的研究。他们发现下丘脑与嗜酒有一定的关系。苏联医学科学院的苏达科夫经过研究认为，酒精破坏了下丘脑神经细胞的作用，从而形成了一些副作用。在对许多的动物和人类中的酒鬼的下丘脑检测实验中发现了酒精破坏的痕迹。酒精破坏了神经细胞的正常工作，被损坏的神经细胞会发出"索取"酒精的指令，于是酒鬼就会无休止地沉湎于酒精的麻醉中。为了证实这一点，他做了这样一个实验：他让一群老鼠连喝了一个月的酒，结果把这些老鼠全都变成了酒鬼，然后再破坏一部分老鼠的渴中枢，然后一连数天不让所有的实验鼠喝水，最后，当把清水和酒精放在这些老鼠面前的时候，在 90 只老鼠中，只有 6 只选择了清水，其余的 84 只全部选择了酒精。而未喝过酒和动过手术的老鼠选中的都是清水。这个实验有力地说明，动物大脑中的嗜酒中枢可能是渴中枢受酒精的刺激转化而成的。有些科学家由此断言，嗜酒中枢就是渴中枢。

这个实验在学术界产生了很大的影响，但是一些生理学家和医学家对于人脑中存在着嗜酒中枢却持怀疑的态度。他们认为，首先在动物身上获得结果能否在人体重新获得还有待于证实，动物的嗜酒是一种人工形成的生理需要，而人的嗜酒情况

躺在 CT 机上的病人正准备扫描

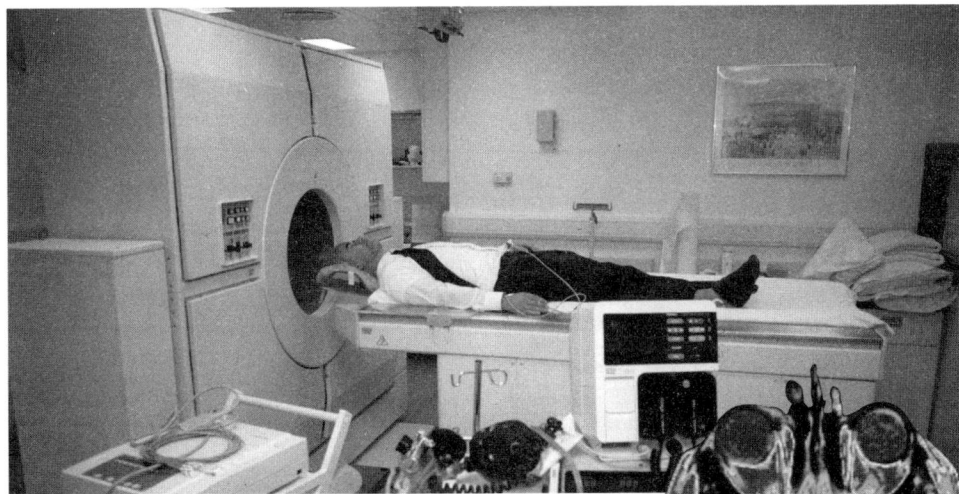

是很复杂的。还有遗传、环境、习惯、性格的各种因素的作用。其次，动物脑中的嗜酒中枢，仅仅是实验证明的一部分，对于所有动物来说是否成立还需要实验的证明。至于人脑中是否存在着嗜酒中枢就更需要进一步的实验来证明了。

科学本来就是在辩论中不断更新和发展的，法国著名的文学家巴尔扎克说：打开一切科学的钥匙都毫无异议地是问号；我们大部分的伟大发现都应归功于不断的疑问，而生活的智慧大概就在于逢事都问个为什么！究竟哪一种结论是正确的，这还需要科学家们用实践来证明。

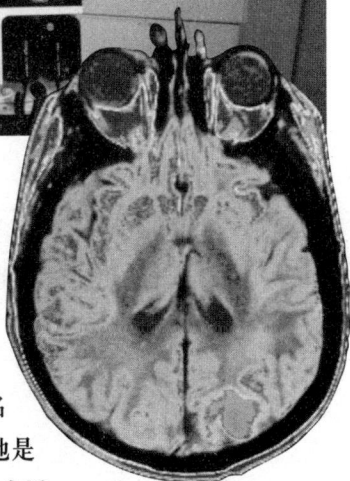

CT 扫描机拍摄出来的头颅的图像，其中白色区域表明被感染的区域。

人为什么会做梦?

梦究竟是怎样产生的?它究竟能不能预卜吉凶?它受不受人世间自然力量的安排和支配呢?这些问题一直都吸引着历代学者去探讨。然而真正系统而比较准确的研究还是近现代的事。

1900年,世界著名心理学家弗洛伊德从心理学的角度解释梦的原因。他认为,梦是一种愿望的满足。在多种多样的愿望中,他更为重视性的欲望。认为性欲是人的一种本能,而本能是一种需要,需要是要求满足的,梦就是满足的形式之一。弗洛伊德还认为,梦是有意义的精神现象,是一种清醒的精神活动的延续。借助梦可以洞察到人们心灵的秘密。梦是无意识活动的表现,人在睡眠时,意识活动减弱,对无意识的压抑也随之减弱,于是无意识乘机表现为梦境的种种活动。

弗洛伊德的学生阿德勒则认为,做梦是有目的的。梦是人类心灵创造活动的一部分,人们可以从对梦的期待中,看出梦的目的。梦的工作就是应付我们面临的难题,并提供解决之道。梦和人类的生活是息息

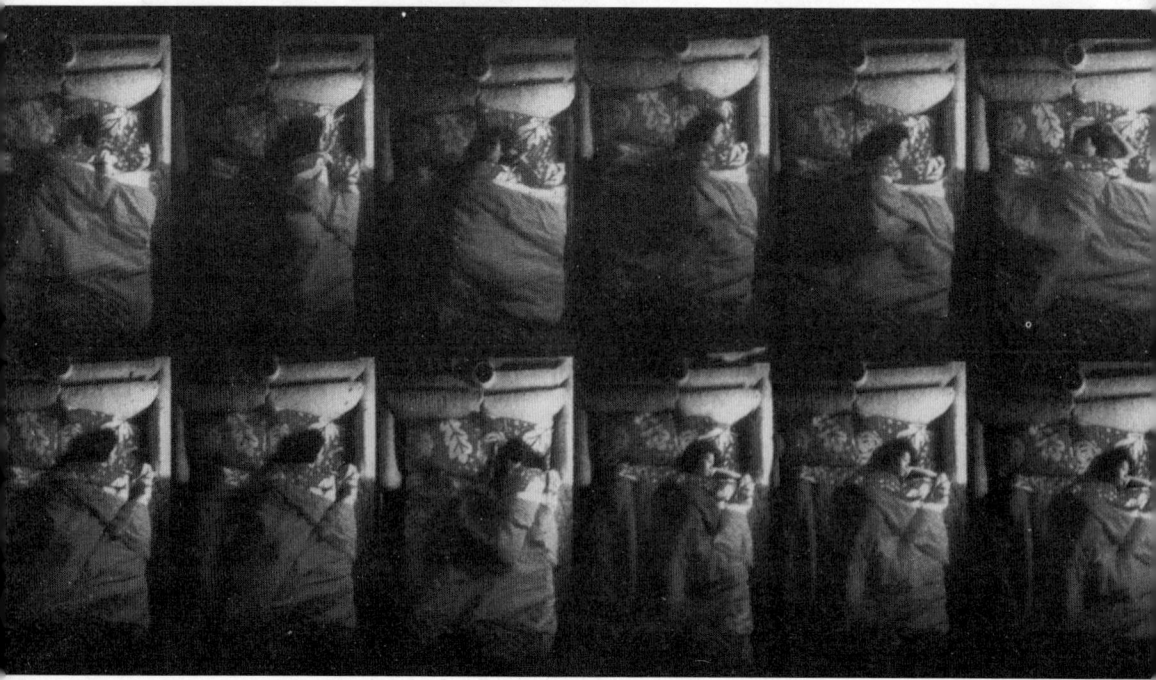

相关的。每个人做梦时，都好像在梦中有一个工作在等待他去完成一般，都好像他在梦中必须努力追求优越感一般。梦必定是生活样式的产品，它也一定有助于生活样式的建造和加强。人在睡眠时和清醒时是同一个人，由白天和夜里两方面表现结合起来才构成了完整的人格。人在睡梦中并没有和现实隔离，仍在思想和谛听。梦中思想和白天思想之间没有明显的绝对界限，只不过做梦时较多的现实关系暂被搁置了。梦是在个人的生活样式和他当前的问题之间建立起联系，而又不愿意对生活样式作新要求的一种企图。它联系做梦者所面临的问题与其成功目标之间的桥梁。在这种情况下，梦常常可以应验，因为做梦者会在梦中演习他的角色，以此对事情的发生做出准备。

史提芬·拉伯基的眼睛在睡眠中快速抽动时，眼镜便发出柔和的红光，表明即将发生。柔光不会惊醒清醒梦实验者，而提醒他在梦中发挥主动角色。

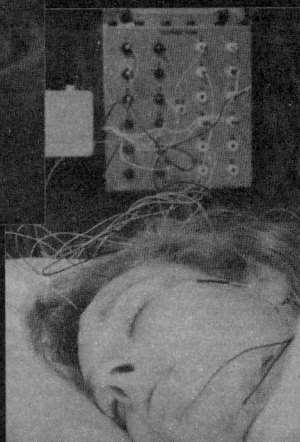

在睡眠实验室的暗淡红光中，一个志愿者昏昏入睡。她的头和脸上贴着电极，用以侦测脑和肌肉活动，为研究者提供与做梦相关现象的记录。

弗洛伊德的另一名学生荣格认为，梦就是集体潜意识的表现。重视潜意识，尤其是集体无意识，是理解和分析梦的前提，梦具有某种暗示性。梦所暗示的属于目前的事物，诸如婚姻或社会地位，这通常是问题与冲突的根源所在。梦暗示着某种可能的解释。同时，梦还能指点迷津。

可以说，弗洛伊德、阿德勒和荣格对梦的心理机制，梦的成因以及梦的作用和意义等方面，都有自己独到的见解和贡献。

世界著名生理学家巴甫洛夫从生理机制

摄影师席尔多里·斯巴尼亚拍下的一系列关于睡眠的定时照片。每帧照片隔15分钟。他拍摄它们是为艺术创作，但神经生理学家霍伯森指出这些照片对睡眠研究的价值，因为图中人的姿势变化与脑的变化吻合。有一连几帧姿势没有变化——例如从上排第五帧起，其后睡姿发生变化，统称表示快速眼动睡眠或开始做梦。

睡眠疾病专家米尔顿·克莱麦医生正通过监控系统研究志愿者梦境产生的机理。目前较为科学的说法认为梦是快速的眼球运动中"意像"的集合。人在快速眼球运动状态下的睡眠便会产生梦境。

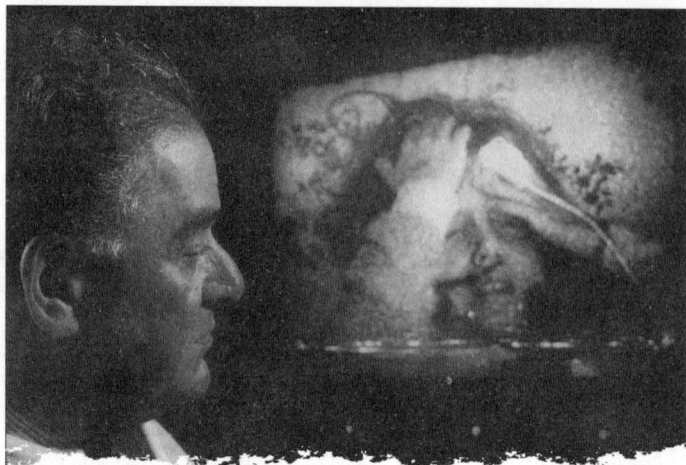

方面解释了人为什么做梦的问题。他认为，梦是睡眠时的脑的一种兴奋活动。睡眠是一种负诱导现象。大脑皮层兴奋过程引起了它的对立面——抑制过程，抑制过程在大脑皮层中广泛扩散并抑制了皮层下中枢，人便进入了睡眠状态。人进入睡眠时，大脑皮层出现了弥漫性抑制，也就是抑制过程像水波一样扩展，当人熟睡时，弥漫性抑制占据了大脑皮层的整个区域以及皮层更深部分后，这时就不会做梦，心理活动被强大的抑制过程所淹没。当浅睡时，我们大脑皮层的抑制程度较弱，且不均衡，这便为做梦提供了条件。

现代科学发达，可以通过实验分析来逐步揭开梦的奥秘，有的科学家认为：梦是快速眼球运动中"意像"的集合，在快速眼球运动睡眠（REN）就会产生梦境，此时脑电波振幅低、频率快，呼吸和心跳不规则，周身肌肉张力下降。当这时候叫醒睡眠者，他会说："正在做梦中。"如果不断地叫醒（打断其梦），会使其情绪低落、精神不集中，甚至暴躁和性急，笔者认为，这是破坏了人的心理平衡的缘故。睡眠必须是完整而不断，梦的完成对心理平衡大有益处。

有的科学家做过这样的实验：将乙酰胆咸类药物注射到猫的脑干里，此时猫眼快速运动进入睡眠状态。经研究当脑干里某神经元放出乙酰胆咸进行沟通信息时，另一种神经元就停止放出去甲肾上腺素和羟色胺，前一种神经元将信息传至大脑皮

层，皮层的高级思维和视觉中心，借助已存的信息去解释、编织成故事，梦就产生出来。在梦境里为什么只见"境像"，尝不出五味，闻不到香臭，这是因为快速眼球运动期间发射出的是视神经元，而不是味觉、嗅觉神经元。为什么梦醒片刻就记不住梦的内容，这是由于梦的储存仅在短暂记忆里，而长期记忆库的去甲肾上腺素和羟色胺处在封闭状态。

当然，心理学家和生理学家对梦的解释和研究也不是完全正确的，有些解释还欠妥和过于简单。但可以相信，随着心理学和生理学的发展，当代和未来的心理学和生理学家们会对梦做出更准确、更完善的解释。

梦见灾难

"'泰坦尼克'号的灾难在我5岁那年4月的一个夜晚发生。"英国名作家格林在自传《这样的一生》中写道，"我梦到轮船沉没，一个意像萦绕在我脑海中60年之久：一个身穿油布衣裤的男人在巨浪的扑击下，身体在升降口扶梯旁断为两截。"在事件发生的前一个多礼拜，伦敦商人米窦顿由于梦见了那场大灾难而临时取消了行程。1912年4月14日的夜晚，"泰坦尼克"号撞上冰山，1500多人遇难。关于这场灾难至少还有19宗由梦、迷睡和幻见预知个案。

魔力十足的催眠术

人除了清醒和睡眠状态以外，还有一种非常奇特的状态——催眠状态。在催眠状态下，人可以出现许多奇特的现象，例如，可以将一块泥土当巧克力津津有味地吃下去；可以搬动平时无论如何也搬不动的大石块；可以从火堆上走过而不感到疼痛等等。人类在很早以前就发现了这种神奇的现象，但一直无法解释它，因而被人们神化，并被一些祭司和巫师所利用，用以证明神的存在和神所赋予他们的力量。

在大多数人心目中，催眠术仿佛就是"迷魂汤"，是神秘而危险的法术，它能使人完全听任催眠师的摆布，不由自主地做本不愿做之事，包括不道德的和不合法的事；说本不愿说之话，包括羞与人言的和绝对秘密的话。但是催眠术也具有对社会有利的一面，它已经被应用于许多领域。

例如，在医学领域广泛地采用催眠术治愈精神疾病，外科临床治疗上也采用催眠术来进行镇痛，而警方则将催眠术作为进行刑事案件侦查的一种手段。更为神奇的是有人还采用催眠

夏尔科医生的实验课

作为精神病学的先驱；他极其重视在神经病理学治疗当中的"催眠"状态。这幅布鲁叶的油画，所描绘的是夏尔科医生在学生面前诊断病患的情形，该画无论在维也纳，还是在伦敦，一向都挂在弗洛伊德的办公室。长女马蒂尔深受此画影响，常问父亲："画中的女士到底发生了什么事？""她腰身绷得太紧。"

126

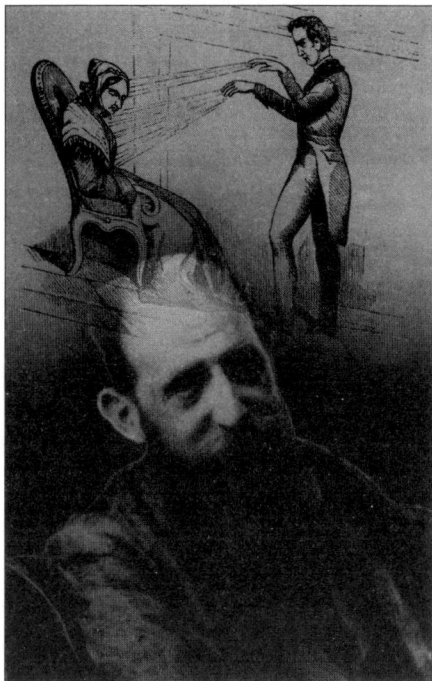

术来提高外语学习的效果或提高工作的效率。

催眠术为何如此神通广大？它又是怎样产生的？着实让人困惑。催眠专家指出：在远古的时代，就有使用催眠术治病或体验宗教境界的说法，埃及的占卜者在 3000 年前就能使用与现代催眠术相类似的催眠法；古希腊的预言家、祭司以及犹太教、天主教都曾经使用过催眠术。在中世纪的时候催眠术曾经一度衰落，几乎失传。后来，出现了一种新的理论和疗法，被称为"麦斯韦术"。

麦斯韦术可以使病人出现痉挛或叫喊，甚至心醉神迷的状态。麦斯韦术治愈了许多的病人，但是当时的医学界对于麦斯韦术却不认同。

麦斯韦像

麦斯韦是精神疗法的先驱，尽管他的催眠术在科学界和医学界引起广泛争议，然而有一点却不可否认，就是在没有取得更多的相关证据时，他曾用此法解救了许多病人。

法国的皇家科学委员会曾经调查过这种疗法，没有找到可以反驳的证据，于是，麦斯韦术受到了越来越多的欢迎。而且科学委员会在调查中还发现，麦斯韦术不仅真的具有很好的疗效，而且还可以诱发一些特异功能现象。不过科学界对此却反应强烈。他们认为，根本就不存在特异功能的现象，所谓的特异功能说是一种欺骗。这种特异功能现象是欺骗和幻觉的产物。麦斯韦术也因此被认为是一种骗术。

后来，英国医生布雷德以真正科学的态度，对麦斯韦术进行了客观的研究。他称麦斯韦术导致的昏睡属神经性睡眠，从此麦斯韦术就被称为催眠术。但是布雷德的结论受到了许多人的攻击。在经历了 10 多年的争论之后，催眠术才渐渐地被医学界所承认。

现代医学认为，催眠状态是人在强烈暗示下进入的一种非常状态。在这种状态下人可以发挥出比平时大许多倍的潜能，甚至产生一些虚幻的感觉。中世纪在欧洲流传一个用"水刀杀人"的故事，有个国王对一个即将被砍头的犯人突发奇想，在

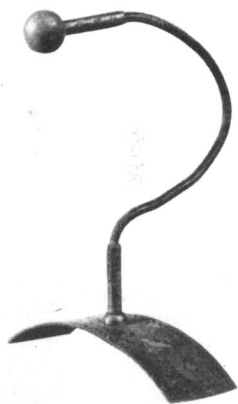

催眠状态的形成器

把病人的眼光固定在某一光亮体上，或者全神贯注地直视催眠者，可以更快地使病人进入催眠状态。

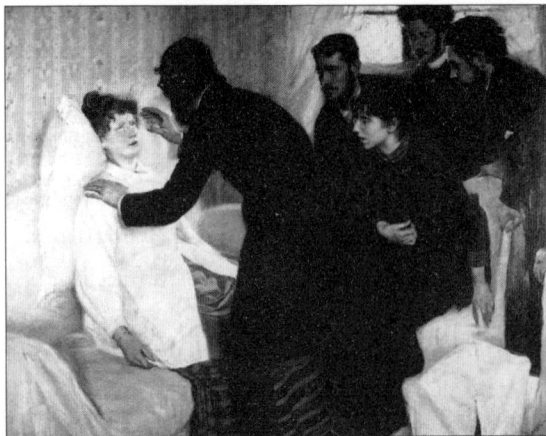

伯恩海姆是一位优秀的催眠大师，他曾用催眠术治疗过许多病例，在当时催眠术是治疗失语症最常用的方法。图为伯恩海姆及其助手正使用催眠方法为病人治病。

下达行刑命令后让刽子手不用刀砍，而是用一只小水壶在犯人的脖子上浇凉水，只见那犯人的头猛地一下垂到胸前就一命呜呼了。原来这个犯人就是在强烈的暗示下产生了虚幻的感觉，将冰凉的水当成了行刑的刀。

心理学家经过对催眠现象长达10多年的研究和观察发现，催眠的现象大致有10余种。现在简单介绍几种：

①昏睡。有些受催眠者在催眠的状态中，精神不振，极度衰弱，反应迟钝。

②感觉异常。有的受催眠者对催眠者的声音始终过敏，无论催眠状态多深或者是离催眠者多远，始终能听到催眠者的声音，而对其他人的声音则失敏，无论多大的声音都充耳不闻。

③"僵立"。有些人在催眠的状态下往往像是雕像一样，四肢及全身僵直。

④错觉和幻觉。有的受催眠者在催眠的状态下往往会出现

一个志愿者正在接受催眠实验，右边的波浪线是她睡眠深浅的程度，上两条线是志愿者睡眠较深的脑部活动，中间两线是睡眠较浅的脑部活动。而下线是志愿者完全被催眠的情形。

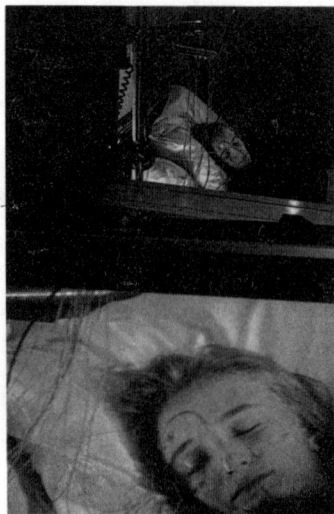

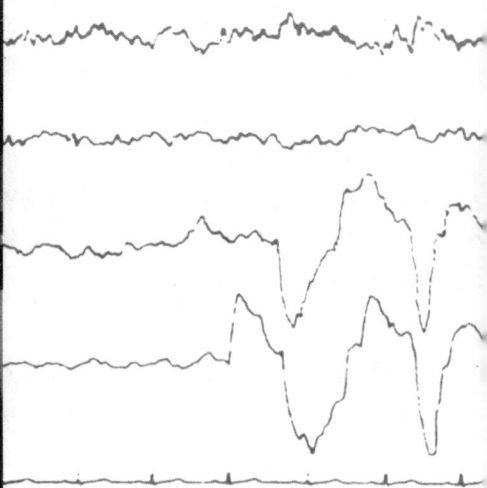

错觉和幻觉。如把臭味当作香味，把噪音当作音乐；把陌生人认作旧交，却不认自己的亲人。

⑤记忆超常。有的受催眠者可在催眠的状态下背诵以前未记起过的长篇文章，甚至是文章中的一个字母出现几次都能够记得很清晰。

⑥意识分离。这种现象的表现是，假如让受试者接受疼痛刺激的同时暗示说一点也不疼痛，那么，他就会一方面在记录纸上报告说他疼痛异常，一方面嘴里说一点也不疼。

⑦生理变化。这种现象的表现是，如果对催眠者暗示说他在一杯接一杯地喝水，那么他马上就会大量地排尿。

⑧诱发各种特异功能。

对于这些现象的产生，科学家们也是各执己见。有的人认为，催眠是类似睡眠的大脑的广泛抑制的过程，也就是说催眠是一种局部性睡眠。一些心理学家认为催眠是一种人为的通过单调的刺激引起的意识分离的状态。还有的心理学家认为，催眠现象是社会心理变因的结果，并不存在所谓的催眠状态。

上述各种观点，对于催眠现象在理论上都做出了初步的解释，但是这些理论都还不成熟，只有在将来对心理状态和生理学知识有了更深层次的理解时，才能对催眠之谜做出更进一步的解释。

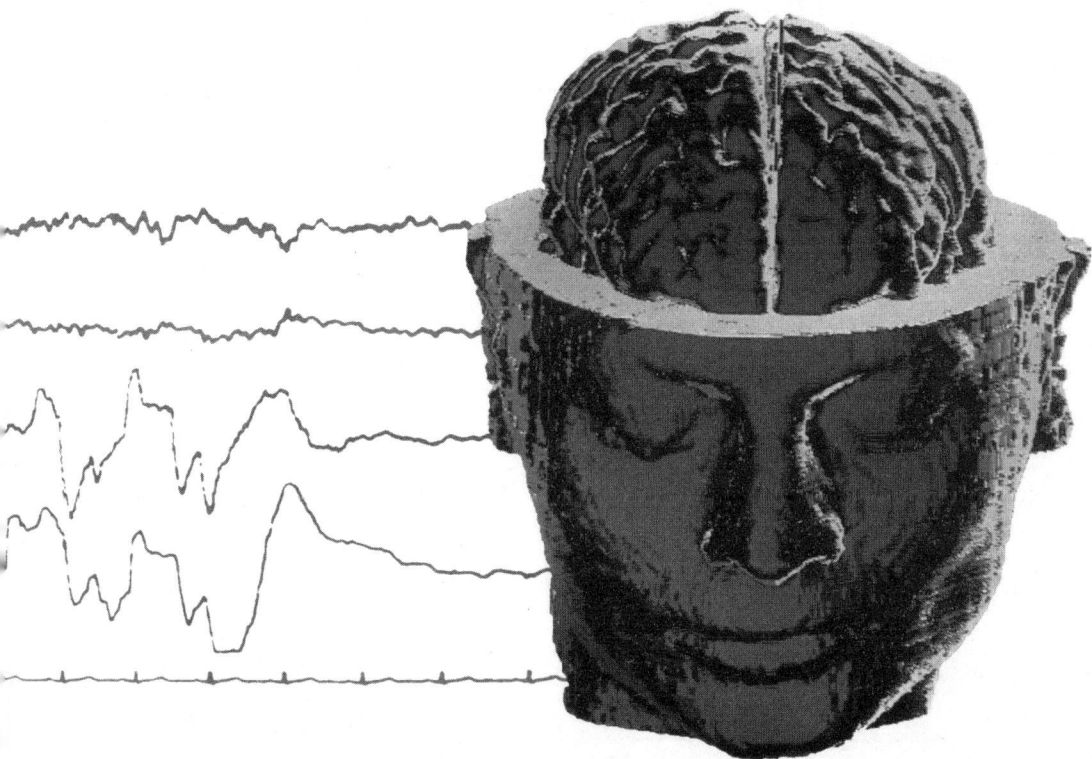

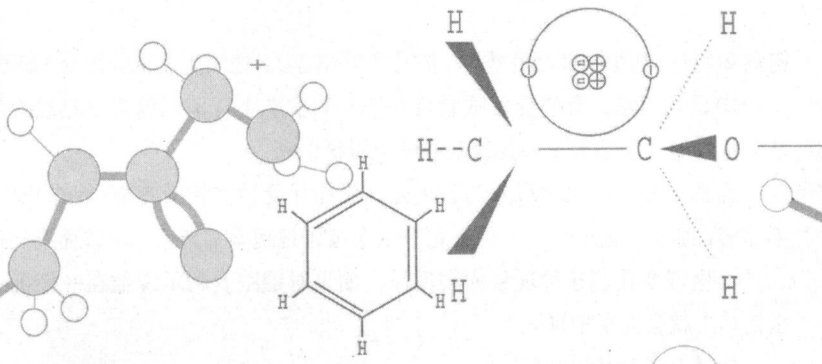

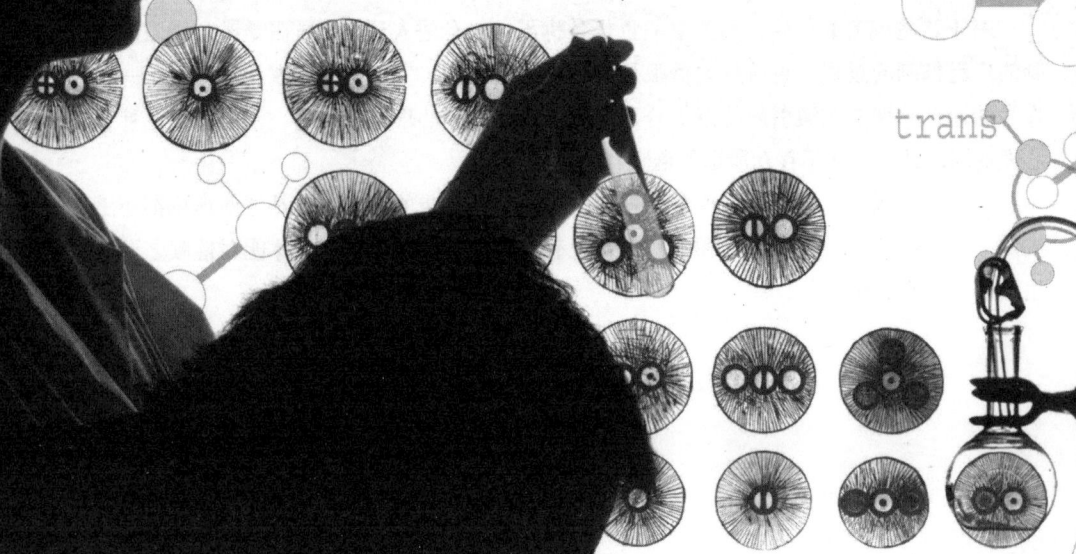

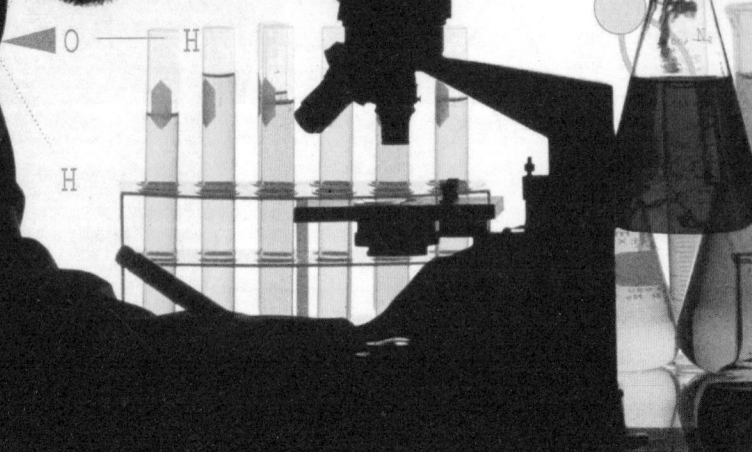

Nucleus
and 10
inner
electrons

CH₂ —— OH

数理化「之谜

Mystery of
Mathematics,
Physics and
Chemistry

球形闪电之谜

闪电形成示意图

在雷暴云内部，水和冰的微粒相撞使正负电荷不断积累，当电荷之差达到足够大的程度时，就开始通过闪电的形式释放电荷。

夏天，雷电交加的晚上雷声隆隆，火花在天空中闪亮，一道道明亮刺眼的闪电划破寂静的夜空。闪电是人们司空见惯的一种自然现象。专家计算过，全世界平均每秒钟就要发生100次闪电。人们常常见到的闪电大多是分岔的枝条状而非平直的线条状，科学家对此有着不同的解释。

荷兰科学家曼努埃尔·艾里亚斯解释说，大气放电过程中存在两种媒介，即中性气体和一个充斥着电离气体的"通道"，"通道"在一定的时机会成为一个导体，放电时电流进行自由的流动，而电离气体和中性气体由于界限的不稳定就会出现交融，因而出现了分岔的枝条状现象。

科学家还解释说，分枝现象是否出现取决于电场的强度。如果电场强度大，也有可能使阴极和阳极气体迅速形成"枝繁叶茂"的闪电现象。

除了树枝状的闪电以外，还有一种球形闪电也是多年来科学家研究探索的现象之一。几乎所有的报道都表明，球状闪电出现在雷暴天气下，且尾随于一次普通闪电之后。它出现时常漂浮在离地面不远的空中，接触地面后常反弹起来，而被接触的物质通常会被烧焦，目前，国内外有很多关于球形闪电的报道。

10多年前，出现在西德的球状闪电却很奇特。人们看到一个大火球自天而降，击在一棵大树顶上，当即分散成10多个小火球，纷纷落地，消失了，犹如天女散花一样。

在苏联的一个农庄，两个孩子在牛棚的屋檐下躲雨。突然，屋前的白杨树上滚落下一个橙黄色的火球，直向他们逼来。慌乱中一个孩子踢了它一脚，轰隆一声，奇怪的火球爆炸了，两个孩子被震倒在地，但没有受伤。事后，人们才知道那个火球是罕见的球状闪电。

在美国一个叫龙尼昂威尔的小城里发生了一件怪事：一位主妇清楚地记得，她放进冰箱的食品是生的，可是在她从市场回到家里，打开电冰箱一看，发现所有的食品都成了熟食。后来，经过科学家的研究才明白，这是球状闪电开的玩笑。不知怎么搞的，它钻到电冰箱里把冰箱变成了电炉，奇怪的是，冰箱竟没有损坏！

一位名叫德莱金格的奥地利医生，在钱包被盗的当天晚上，

叉状闪电

叉状闪电开始于"先导闪电"，采取最容易的通路给以每秒 100 千米的速度呈锯齿状伸向地面之时，它为带电的空气开辟了一条立即回复放电的通路，这种回复放电亦称主体闪电。

闪电的威力

这棵有着 120 年树龄，曾经枝繁叶茂的大树在一次暴风雨中被球形闪电击中，从而变得四分五裂，整个树冠已完全脱落，只剩下支离的主干。

这棵树被闪电扯成了碎片

被请去为一个遭雷击的人看病，他发现那个人的脚上印着两个"b"字，同自己丢失的钱包上的"b"字大小相同，结果钱包就在这个人的口袋里。

1962 年 7 月 22 日傍晚，我国科学工作者在泰山顶上对雷暴进行研究时，亲眼看见了一次奇怪的球状闪电。随着一声巨响，在窗外冒雨工作的科学工作者，发现一个直径约 15 厘米的红色火球从西边窗户的缝中窜入室内，大约几秒钟后，又从烟囱里飘出。在离开烟囱口的瞬间，发生了爆炸，火球也消失了。桌子上的热水瓶、油灯都被震碎，

烟囱也被震坏。火球所经过的床单上，留下了10厘米长的焦痕。

1979年1月6日，在我国吉林市，有人曾经看到一个落地球状闪电在气象站办公室转了数圈，然后又腾空而起，往东方飞去。它像个大探照灯，一路照得通亮，最后落入松花江里消失了。

1981年7月9日，随着一声惊雷，人们看到两个橘红色的大火球，带着刺耳的呼啸声，从乌云中滚滚而下，坠落在上海浦东高桥汽车站。两个火球在地面相撞，发生一声巨响，消失了。

1993年9月16日大约19时45分，江苏省滨海县城天气异常闷热，气压很低，突然一条红火龙从该县东坎镇东村东园组的村东向西飞来，飞到杨某家周围上空时，变为一只火球窜进屋内，紧接着一声巨响，一人遭雷击身亡，身上衣服头发均被烧光，还有二人被击昏在地，身上多处烧伤，后经抢救脱险。

球状闪电这种罕见的自然现象给充满好奇心的人类带来了无尽的遐想。古人在很长一段时间只能借想象来解释它。把它

暖湿空气迅速上升，急剧降温，就形成了雷暴云。在雷暴云的内部，部分水分结成冰，强烈的气流使冰晶和水滴相互碰撞，冰内的带电粒子电子即受撞后产生电荷，通过闪电的形成释放出去。闪电可使周围的空气达到3万℃的高温，是太阳表面温度的五倍。巨大的热能使空气迅速膨胀，以致膨胀速度比声速还快，并因此产生爆裂的雷声。

一般情况下，像空气这样的气体并不导电，因为空气中没有带电荷的原子和分子。不过，气体受热或遇到强电场时就会导电，这种情况下，中子从中性原子和分子上被剥离下来，形成等离子体。等离子体是不带电的离子、中子和正离子的高温混合物，等离子体中带电荷的离子可以导电。

描绘成骑着火团的矮精灵，或者是口吐火焰、兴风使雨的怪物。

在 19 世纪初，科学家们开始了对球状闪电的漫长的探索。球状闪电虽然罕见，但两个世纪来，人们还是得到了大量的直观资料，其中包括一些科学家的目击纪录。球状闪电是一种奇特的闪电，但它的形成原因至今尚未弄清。有人认为它是一团涡旋状的高温等离子体；有人认为它本身就是一种特殊形式的大气放电等。

最新的科学进展导致了一些科学家将分形理论引入球状闪电的研究，提出分形球状闪电模型：在普通闪电的一次放电瞬间产生的颗粒极小的高温微尘与周围介质碰撞并粘结成一种错综复杂的网状结构——一种分形结构。它有相对稳定的形状，但密度极小，绝大部分体积是空隙。正是这些空隙储存了球形闪电的能量，它是一种化学能，能量的释放可能是一个链式的化学反应。

从人类已掌握的自然规律出发，科学家们已提出了几十种模型，他们都能不同程度的解释球状闪电的一部分性质。然而，毕竟因为不能在实验室中对球状闪电直接研究，无法获得充分的数据，而目击报告中许多现象又似乎矛盾重重，所以，能得到普遍认可的模型至今还没出现。两百年已经过去，自然界仍在炫耀它的天才的创造。它里面究竟隐藏着什么奥秘，相信总有一天人类能够解开球状闪电之谜。

闪电在空中被高耸的埃菲尔铁塔塔尖上的避雷针导入地下。

地磁场
能影响人体吗？

信鸽朝着磁场的方向飞翔

候鸟总是利用磁场来确定几千千米以外的地方。

自从人类发现有地磁现象存在，就开始探索地磁与生命的关系问题。我们知道，信鸽辨别方向的能力特别强，即使把上海的信鸽带到内蒙古放飞，它仍然会飞回上海。路途中就是遭遇到狂风暴雨，它也不会迷失方向。如此高强的辨别方向的本领让科学家们啧啧称奇。于是他们对信鸽进行研究，做了这样一个有趣的实验。他们在一个阴天的下午，把磁棒和铜棒分别绑在一些鸽子身上，然后运到很远的地方放飞。结果很有趣，绑着铜棒的鸽子，飞行方向正确，都安全返回主人家。而那些绑着磁棒的鸽子却满天飞失去了方向。这个实验说明鸽子辨别方向的能力受到磁场的影响。绑了磁棒的鸽子，识别地磁场的本领受到磁棒的干扰，自然也就迷失方向。

科学家们又对类似的候鸟迁徙现象进行了研究，结果发现候鸟体内也有"雷达"，它们和鸽子一样，能够根据自己的电磁场同地磁场的相互作用来辨别方向。为了进一步证实这一点，科学家们在秋天把候鸟关进笼子里，用布罩起来，不让它们看到外面的世界。这些鸟却倔强地聚集在笼子的南部，准备向南飞。后来，科学家又把笼子放在一种磁场装置里，这些鸟儿就失去了方向，开始散布在笼子各处。可见地磁场是它们辨别方向至关重要的依据。不光鸟类，就是一些昆虫，甚至细菌也会对地磁场有感受能力。有一种细菌，总是一头朝南，一头朝北。从不在东西方向上"躺"着。这就充分说明它也有感知地磁场的本领。有的鱼儿，把它放进陌生的静水池里，它也是朝着南北方

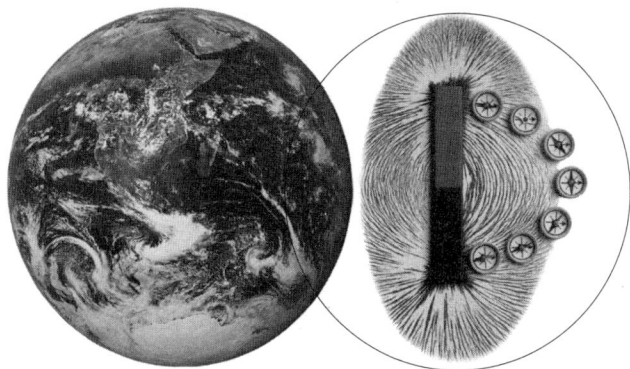

地球犹如一个巨型磁铁，被本身所形成的一个巨大磁场所包围。

向游动。有种白蚁能在南北方向上建巢，因此称这种白蚁为"罗盘白蚁"。

医学家发现，人类的某些疾病与地球的磁纬度也有一定的关系。例如猩红热的发病率就与地磁的变化有关。在一些地磁异常的地方，人们患高血压、风湿性关节炎和精神病的人数，要比地磁场正常的地区高差不多1.5倍。这充分说明，地磁场能使人体患上某些疾病。

有科学家据此认为，地球上生命的存在，和地磁场形成的保护层有密切关系。因此宇宙中各种宇宙射线即使有穿透岩层的能量，却被拒之于磁场之外。没有这个保护层，生物就无法衍生繁殖，人类也不会安然无恙。而其他一些星球，虽然空气、温度、水分适宜，但就因为几乎没有磁场的保护，所以至今尚无生命。正是因为在磁环境下孕育着生命，所以生物与人类有着奇特的感应和适应能力。一些小动物身上的特殊生物罗盘，信鸽、候鸟、海豚等都是这种奇特的感应和适应能力的具体体现。这些动物的器官和组织中，都有着磁铁细粒，因此，它们都有着磁性细胞。正是这些磁性细胞，使它们自身具备生物罗盘而永不迷失方向。

作为高级生命的人类来说，虽然生物罗盘的作用已退化了，但仍有少数有特异功能的人还保留着这种特点。可见，人与磁也有着密切的关系。我们知道，电与磁是难以分开的，电流能产生磁场，磁场能感应电流。

磁力线

地球

太阳风

磁层

地球产生的磁场形成磁层，裹住地球并延伸到太空，由带电微粒构成的太阳风冲击磁层，使它像彗星尾巴一样顺风流动。

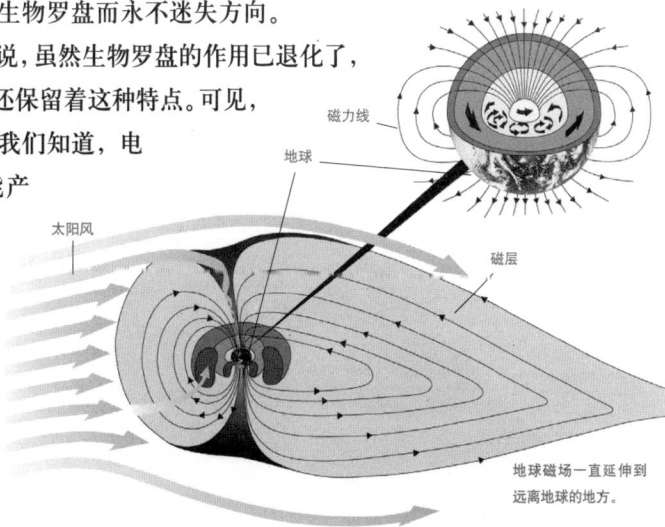

地球磁场一直延伸到远离地球的地方。

在人体内，由于生命活动必然产生生物电流，如心电流、脑电流等。这些生物电流必然产生生物磁场，由心磁图和脑磁图都观测到磁场的存在，尽管生物磁场比起地磁场来小得多，但是研究生物磁场对于了解脑的思维、生命的活动却有着重要的意义。

据说，人的心理状态、喜怒哀乐的精神因素，会直接影响心磁场的强度，而脑的思维情况也由脑子的不同部位的磁信号反映出来。因此可以用人工电磁信号去取代紊乱的电磁信号，从而达到治病的目的。

提到治病，磁的应用可以说是全方位的。像上面所说，电磁信号可以诊断和治疗疾病。另外，还可用药物或针疗等办法，比如中医常用磁石作为一种镇静药。还有现在流行的磁化杯和磁化水，也成为保健物品。更为神奇的是，磁还具有使人类恢复再生功能的巨大魔力！我们知道，原始动物如蜥蜴断了腿或尾巴以后能重新长上，螃蟹掉了螯钳以后还能长出更粗的螯钳。但是高等动物就不行。但通过医学实践证明，在适当的电磁场下可以使断骨的愈合加速，在脉冲电磁场的刺激下，可以使家鼠的断肢再生。因此磁疗的研究，在将来甚至有可能使人类的器官再生。这样，人的生命对于我们来说并不是只一次了，每个人都可以

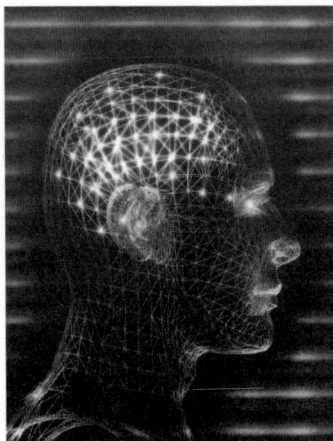

有的学者认为，人的各部分器官也都有磁场，地磁发生微弱变化，也会引起头脑、血液等周围磁场的变化，从而导致肌体功能受影响，出现疾病。

不祥之海◇

大约有 1000 名飞行员、水手和乘客在 100 多种不同的飞机或船只失事中消失在百慕大。科学界有一种说法认为是由于地磁场的作用或是由于海洋中的陨石发出的磁场干扰了地磁场的正常作用，从而使飞机或轮船迷失了方向。

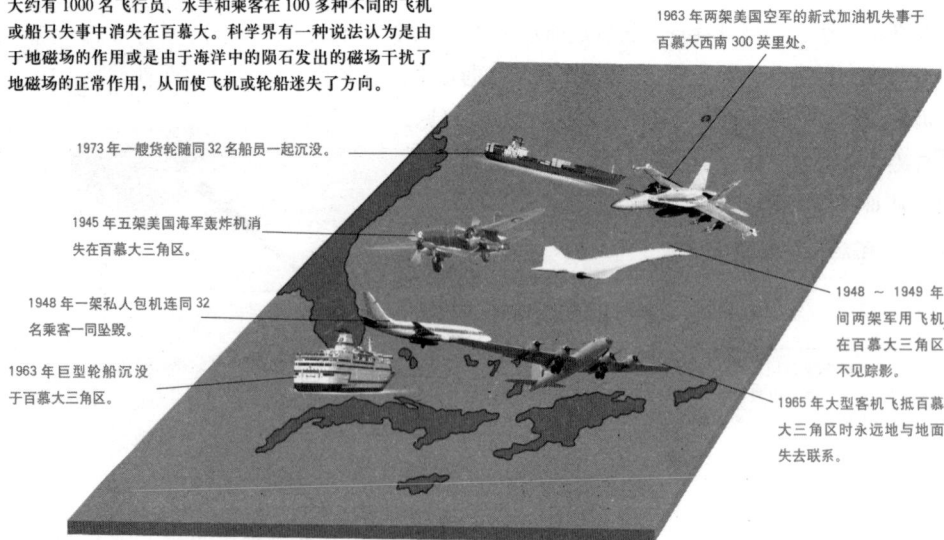

1963 年两架美国空军的新式加油机失事于百慕大西南 300 英里处。

1973 年一艘货轮随同 32 名船员一起沉没。

1945 年五架美国海军轰炸机消失在百慕大三角区。

1948 年一架私人包机连同 32 名乘客一同坠毁。

1963 年巨型轮船沉没于百慕大三角区。

1948 ～ 1949 年间两架军用飞机在百慕大三角区不见踪影。

1965 年大型客机飞抵百慕大三角区时永远地与地面失去联系。

有多次生命。这无疑是天大的福音。

那么，地磁场是如何影响人体健康的呢？科学家们给出的解释有多种，但都不理想。一种认为人体的各部分都有水，水在地磁场中会发生物理化学变化。这样，当地磁场变化后，自然影响到水，也就使人体功能也发生变化，引起某些疾病。有的学者认为，人的各种器官也是有磁场的，即使地磁场发生微弱变化，也引起头脑、血液等周围的磁场发生变化，导致机体功能受影响，功能失常，疾病出现。也有人认为，人是处在不同生态环境之中，因此人的每个器官都带有当地地磁生态的烙印。当地磁变化后，人就会出现生理反常，产生反应，引起疾病。

当然，还有人提出生物膜理论以及其他不同的解释。但都不能使人满意。地磁场到底如何影响人体，特别是对大脑活动以及生理活动的影响，尚没有得到科学的解释。同样，在零磁环境下人类会受什么影响，在宇宙航行或在其他星球居住时，新的磁环境会对寿命有什么影响，也都是未来的课题。

候鸟迁徙

研究表明，对于鸟类，尤其是候鸟，它们体内也有磁场，它们能够根据自己的电磁场同地磁的相互作用来辨明方向，而不至于迷路。

元素

到底能有多少种?

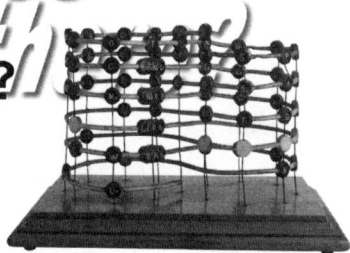

威廉·库克在 1888 年制作的三维螺旋模型,用以描述元素在周期表中的位置。以此来说明元素之间的某种关联和顺序。

我们肉眼看得见的物质(如楼房)或看不见的物质(如空气),都是由什么组成的?这一问题曾困扰人们好多年。由于人类的进步,到 19 世纪初期,经过科学家们的研究,终于揭开了物质世界的面纱:世界上的一切物质都是由元素组成的。从坚硬的石头到软绵绵的棉花;从流动的水到飘浮的云;从人的肌肉骨骼到极小的细菌;从高大的树木到浮游生物……一切都不例外。

那么元素大家庭的成员到底有多少

英国化学家克鲁克斯在 1861 年发现铊元素的日记和实验药品,这种元素是从制造硫酸的剩余物的摄谱仪分析来的,由于铊元素在光谱中呈现一条明亮的绿色而得名,希腊文意为"绿色嫩枝"。

个呢?一开始,科学家们认为只有 92 个。直到 1940 年,美国加利福尼亚大学的麦克米伦教授和物理化学家艾贝尔森在铀裂变后的产物中,才发现了 93 号新元素!他们俩把这新元素命名为"镎",镎的希腊文原意是"海王星",这名字是跟铀紧密相连的,因为铀的希腊文原意是"天王星"。镎的发现,充分说明了铀并不是周期表上的终点,说明化学元素远没有达到周期表上的终点,在镎之后还有许多化学元素。镎的发现,鼓舞着化学家在认识元素的道

居里夫妇漫画像

居里夫人和丈夫皮埃尔·居里一起,开创了对放射性元素的研究,1903 年,由于他们对铀的放射线的测定与钋和镭两种放射性元素的发现,居里夫妇和贝克勒尔一起获得了诺贝尔物理奖。图为居里夫妇在实验室实验的情形。

路上继续前进！

不多久，美国化学家西博格、沃尔和肯尼迪又在铀矿石中发现了94号元素。他们把这一新元素命名为"钚"，希腊文的原意是"冥王星"。这是因为镎的希腊文原意是"海王星"，而冥王星是在海王星的外面，是太阳系中离太阳最远的一个行星。钚的发现在当时根本没有引起人们的注意，人们只是把它看作一种新元素而已，谁也没有去研究它到底有什么用处。但当人们发现了钚可以制作原子弹之后，钚就一下子青云直上，成了原子舞台上非常难得的"明星"！而且，钚的发现及广泛应用，人们对元素的认识，进入了一个新的阶段：原来，世界上还有许多很重要的未被发现的新元素哩！

于是，人们继续努力，要寻找94号以后的"超钚元素"。在1944年底，钚的发现者——美国化学家西博格和加利福尼亚大学教授乔索合作，用质子轰击钚原子核，最先是制得了96号元素，紧接着又制得了95号元素。他们将95号元素和96号元素分别命名为"镅"和"锔"，用以纪念发现地点美洲和居里夫妇（"锔"的原意即"居里"）。

西博格和乔索继续努力，在1949年又制得了97号元素——锫；在1950年制得了98号元

门捷列夫像

俄国化学家，他对元素周期律的贡献十分巨大。

世界科学未解之谜

141

元素周期表

1869年门捷列夫提出了第一个元素周期表，1871年他又进一步阐述了元素周期律的要点：1.按照原子量的大小排列起来的元素，在性质上呈现明显的周期性；2.原子量的大小决定元素的特性；3.预言许多未知单质的发现。此后，发现的镓、钪和锗等元素，都与门捷列夫所预测相吻合。元素周期律的发现是化学发展史上一个重要的里程碑。

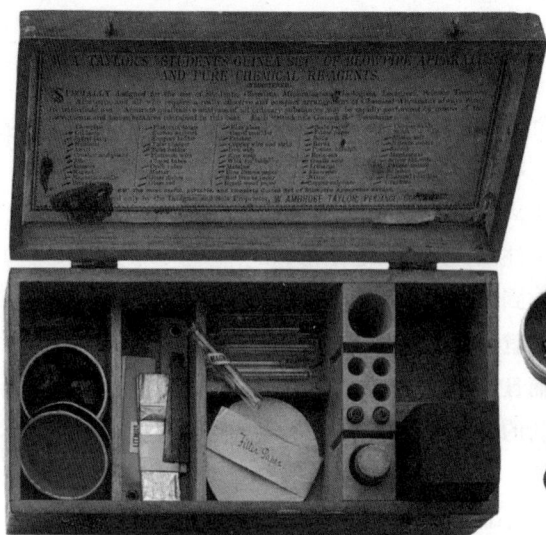

19世纪初的化学实验工具箱

尽管当时的条件比较简陋，但已经初具现代模样，从试管到各种化学物品一应俱全，在通过系列实验后，人们开始重视实验的结果而非主观的臆断，并发现了一系列元素。

素——锎。锫的原意是"柏克立"。因为它是在柏克立城的回旋加速器帮助下制成的；锎的原意是"加利福尼亚"，因为它是在加利福尼亚州的回旋加速器帮助下制成的。

接着，人们又开始寻找99号元素和100号元素。当人们准备用回旋加速器制造出这两种新元素之前，却在另一个场合无意中发现了它们。那是在1952年11月，美国在太平洋上空爆炸了第一颗氢弹。当时，美国科学家在观测这次爆炸产生的原子"碎片"时，发现竟夹杂着两种新元素——99号和100号元素。1955年美国加利福尼亚大学在实验室中制得了这两种新元素。为了纪念在制成这两种新元素前几个月逝世的著名物理学家爱因斯坦和意大利科学家费米，分别把99号元素命名为"锿"（原意即"爱因斯坦"），把100号元素命名为"镄"（原意即"费米"）。

1955年，就在制得锿以后，美国加利福尼亚大学的科学家们用氦核去轰击锿，使锿原子核中增加2个质子，变成了

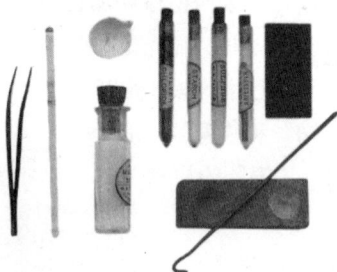

期律的创始人、俄罗斯化学家门捷列夫。

紧接着，在 1958 年，加利福尼亚大学与瑞典的诺贝尔研究所合作，用碳离子去轰击锔，使锔这个本来只有 96 个质子的原子核一下子增加了 6 个质子，制得了极少量的 102 号元素。他们用"诺贝尔研究所"的名字来命名它，叫作"锘"。

到了 1961 年，美国加利福尼亚大学的科学家们着手制造 103 号元素。他们用原子核中含有 5 个质子的硼，去轰击原子核中含有 98 个质子的锎，进行原子"加法"：5+98=103，从而制得了 103 号元素。这个新元素被命名为"铹"，以纪念当时刚去世的美国物理学家、回旋加速器的发明者劳伦斯。

在 1964 年、1967 年，苏联弗列罗夫领导的研究小组和美国的乔索及西博格等人，分别用不同的方法制得了 104、105 和 106 号元素。但是由于双方都说是自己最早发现了新元素，所以，关于 104 号、105 和 106 号元素的命名，至今仍争论不休，没有得到统一。

1976 年，苏联弗列罗夫等人着手试制 107 号元素。他们用 24 号元素——铬的原子核，去轰击 83 号元素的原子核。24+83=107，就这样，107 号元素被制成了。

到目前为止，得到世界各国科学家公认的化学元素，总共有 107 种。然而，世界上到底存在有多少种化学元素？人们会不会无休止地把化学元素逐个制造出来呢？这个问题引起了激烈的争论。

有人认为，从 100 号元素镄以后，人们虽然合成了许多新元素，但是这些新元素的寿命却越来越短。像 107 号元素，只能存在 1 毫秒。照此推理下去，108 号、109 号、110 号，这些元素的寿命可能更短，因此要人工合成新元素的希望将越来越渺茫。他们预言，即使今后人们还有可能再制成几种新元素，但却已为数不多了。但是，很多科学家认真研究了元素周期表，并推算出在 108 号元素以后，可能又会出现几种"长命"的新元素！到底孰是孰非呢？迄今为止，尚无定论。

各种不同的化合物在适当的条件下可发生化学反应生成新物质。

存在着一种新的形态吗?

在任何一本教科书里都这样写道: 水是一种化合物, 它的分子式是 H_2O。可是, 人们果真知道水是什么东西吗? 其分子式对不对? 有一点很清楚, 水的分子式被人们简单化了。人类受到汪洋大海的包围, 而海洋是如何形成的, 海洋水到底是什么物质, 我们都还茫然无知。

古希腊的哲学家们看到流水源源不断, 就得出结论说: 水同土、空气和火一样, 也是一种元素。地球万物都是由这四种元素构成的。哲学家们的说法堪可称为超群的见解, 直到17世纪以前, 人们始终觉得他们的说法无懈可击。

在1770以前, 人们把气体混合物的爆炸视为壮观的景象。点燃氢和氧, 燃烧后自然生成了水。可是当时没有谁留意到进行这种反应时生成的那一点水分。人们只顾争论水能不能变成"土"的问题了, 为了观察水能不能变成土, 天才的法国化学家安图安·罗兰·拉瓦锡用三个月的时间, 连续做着水的蒸馏试验。

当时, 以毫无根据的假设为依据的"燃素说", 由于受到名人的推崇而名赫一时, 它阻碍了人类认识的发展。"燃

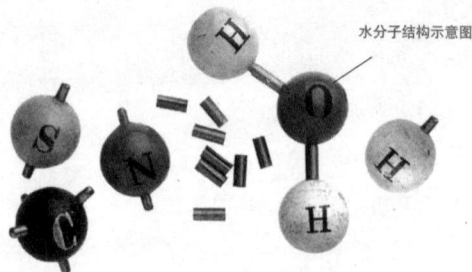

水分子结构示意图

恩贝多克利像

公元前5世纪的古希腊哲学家及政治家, 他的宇宙观与巴美尼德斯的假定一致, 即存在物是永恒、不可分且不变的, 世界是众多变化现象中的一种。他认为一切物质均由四种不同的成分构成, 即土、水、空气和火, 而由爱与斗争两种力量来控制, "存在"与"毁灭"是爱和斗争相互影响使基本组成产生合成分想象的结果。

壮观的冰山景象

素说"论者认为，燃烧着的物质能够释放出"燃素"。尽管也是这位拉瓦锡已经发现了金刚石是由碳组成的，还分析了矿泉水的成分，但他却信奉着"燃素说"。

詹姆斯·瓦特这位工程师和蒸汽机的发明家，最先认清了水的本质。他虽然不是化学家，也没有进行过相应的试验，但他却不固守偏见。詹姆斯·瓦特于 1736 年生于苏格兰，他在各个方面都表现出了出众的才华并取得了杰出的成就：制成了数学运算器、天文仪器、蒸汽机的模型。他热衷研究着技术上的新方向——后来得名的工艺学。瓦特成功地发明了完备的蒸汽机，但是关于水他也许只懂得由水可以制取蒸汽。恰恰由于不受偏见的束缚，瓦特才最先意识到自己的同时代人所进行的试验的意义所在。1783 年 4 月 26 日，他在给 J·波里斯特利（1733 ~ 1804 年）的信中写道："难道不应当认为水是由燃素（氢）和非燃素气体（氧）组成的吗？……"

他的说法得到了人们的支持。英国的学者们对他的发现笃信不疑。是年 7 月，一个年轻的助手作为科学小组的成员访问了法国，并将瓦特的新见解告诉给了拉瓦锡。拉瓦锡重新做了主要的实验并领悟了这一发现的重

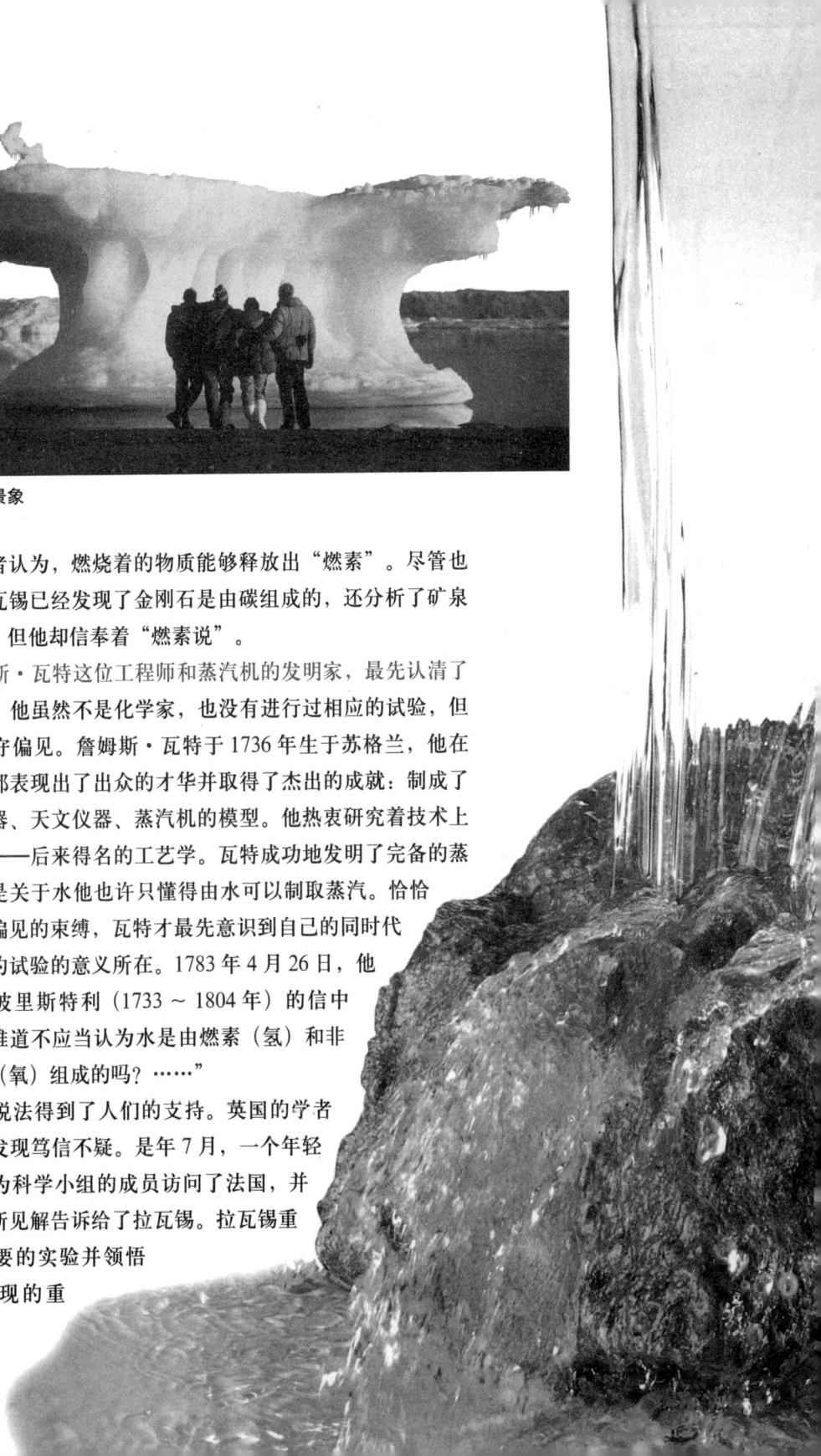

大意义，当即将实验结果上报给了法兰西科学院。在报告中他对英国学者的研究成果只字不提。结果，拉瓦锡在欧洲大陆上获得了头功，赢得了盛名。围绕发明优先权属于谁的"水之争"从此开始，持续了几十年。瓦特早在1819年去世，到1835年他的发明优先权才得到了最后的确认。

当时，革命的风暴正在震撼着欧洲，1794年5月8日，拉瓦锡这个皇家税务总监被送上了断头台。战争爆发，帝国瓦解，学校和教学计划都重新改组，但除了瓦特的发明外，并没有产生任何新的东西。

其实，水完全不是发明家瓦特所说的那种简单的化合物。事过250年，人们才逐渐看到，在正常温度下并不存在水的单个分子，虽然可以无可置疑地说水属于流体，但它却具有固定的结构，一定量的H_2O合成了井然有序的浓缩物。水是彼此呈晶型聚合的H_2O集团组成的液体。

要具有一种液体能够溶化"水的晶体"，如同溶化盐和糖

水的状态变化

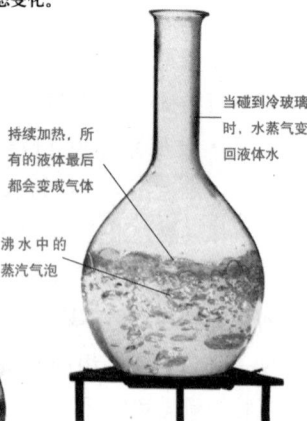

物质能够以三种截然不同的状态存在——固态、液态和气态。固体是刚性的，有固定的形状。液体是流体，有一定体积，形状随容器形状而定。气体（也是流体）充满空间，它的体积和它的容器容积相等。绝大多数物质的存在随温度变化，在三种状态间转换。下为水的状态变化。

1 固态：冰
当液态水冷却至足够低的温度时就形成固态水——冰。冰块是刚性的，有一定的形状和体积。

具有一定形状的冰块

2 液态：水
当一种物质的温度升至它的凝固点以上时，就会溶化变为液体。冰溶化变成水。

液体呈现容器的形状

水在100°C（212°F）以下保持液态

持续加热，所有的液体最后都会变成气体

当碰到冷玻璃时，水蒸气变回液体水

沸水中的蒸汽气泡

3 气态：水蒸气
当一种物质的温度高于它的沸点时，就会变为气体。当加热到足够高的温度时，液态水变成水蒸气，一种无色的气体。

现在我们知道水是由氢氧两种元素组成的，然而在整个18世纪，"燃素说"却得到了广泛的支持，瓦特将水看作是燃素气体和非燃素气体的化合物，而当年卡文迪什在水中分离出氢气时，误认为容器中是燃素。只有拉瓦锡在通过系列实验证明空气对燃烧是不可或缺的，无论富含多少燃素，没有一种能在缺氧的状态下燃烧。在新见解的启发下，最终影响100多年的燃素说消失了。

那样，人们就可以更细致地研究水，那该多好！然而谁也没有找到这种液体。时至今日科学家们还在猜测着：水的晶体里是由8个还是12个、或者300个单个的H_2O组成？也许是由大的或是小的集团组成？难道水的组成取决于水的温度吗？哪些测定方法令人置信？科学家们相信"精诚所至，金石为开"，水分子的奥秘终有一天会被揭开。为此，他们付出了更多的努力。

1970年，物理化学家鲍里斯·捷利亚金提出了不同以往的"聚合水"的新理论。

捷利亚金用石英毛细管冷却水蒸气，实验显得平淡无奇。实验中他似乎觉得自己制得了从未见过的一种新的水。这种水的比重比普通水重40%，在500℃的温度下不发生变化，而在700℃的高温下能够变成"正常的水"，在－40℃温度下凝结成玻璃状的冰。科学家们以为聚合水是实验纯度不佳、做法错误出现纰漏的产物。后来，当各国报刊对"聚合水"纷纷进行报道的时候，捷利亚金的发现才引起了科学界的重视。

理论家们开始感到，电子计算机的运算和某些原理可以证实聚合水的存在。人们又去做实验，竟真有人发现捷利亚金的结论是正确的！水确实存在着一种新的形态。于是，西欧的学术刊物用大量篇幅报道了聚合水。对于聚合水的存在，有人狂热地支持，也有人激烈地反对。

人们凭常识就可以解释聚合水的产生：像塑料中无数单个的分子能够形成聚合物，乙烯的分子能够合成聚乙烯那样，水的分子聚合形成聚合水——道理何其浅显！或者并非如此？

初看起来，科学家们可以通过实验轻而易举地解决这场"简单的"争论，其实谈何容易！如果准确地按照捷利亚金的方法进行实验，所得结果就与捷利亚金的相同；一旦实验稍有改变，其结果就完全各异，甚至截然相反。人们因此不得不采取了折中的解释：如果水放置在毛细管里，那么就能产生一层特殊的水，其厚度为千分之几毫米，它便是水的特性现成因。

1973年夏，来自各国的科学家聚会马尔堡这座规模不大的大学城讨论水的问题。大会学术论文业已安排就绪，会刊又发表了其他学者对新型水的研究成果。不料突然从莫斯科传来消息说，捷利亚金已经放弃自己原来的观点，他以为自己的发现与水的结构可能毫不相干。

在科学上这种情况屡见不鲜。在学校教科书里，并没有花费笔墨去描写探索真理的复杂而又矛盾的过程。

时至今日，聚合水的争论也没有就此而止。测定的结果依然无法解释。我们期待着这个看似平易实艰辛的难解之谜早日被揭开。

光合作用

之谜

作为地球上最重要的化学反应，光合作用对大多数人来说，好像并没有什么太大的秘密，似乎它的过程无非就是吸收二氧化碳，放出氧气。然而，尽管光合作用的发现至今已有 200 多年历史，并且已有多位科学家在光合作用前沿研究上频频摘取诺贝尔奖，但其内在复杂机理仍被重重谜团笼罩。科学家坦言，要真正揭开"绿色工厂"的全部谜底，仍有很长的一段路要走。

为什么科学家们要对光合作用进行研究呢？这是因为人类所需要的各种生产生活资料都是由光合作用产生的，如果没有光合作用就不会有人类的生存与发展。所以，光合作用研究是一个重大的生物科学问题，同时又与人类现在面临的粮食、环境、材料、信息问题等密切相关。现在世界上每年通过光合作用产生 2200 亿吨生物质，相当于世界上所有的能耗的 10 倍。要植物产生更多的生物质，就需要提高光合作用效率。通过高新技术转化，

墨西哥苏铁

苏铁植物

160 种苏铁植物生长在热带和亚热带地区，它们是大约 2.5 亿年前繁茂生长的古老植物群的后代。尽管人类的地区几经变迁，仍有许多绿色植物得以保留并延续至今，其光合作用的机理也并没有改变。

雌性球果能长到 55 厘米。

苏铁化石表明：随时间的变化，苏铁树叶变化不明显。

我们甚至可以让有些藻类，在光合作用的调节与控制直接产生氢。根据光合作用原理，还可以研制高效的太阳能转换器。

光合作用与农业的关系同样密切，农作物干重的 90% 到 95% 来自光合作用。高产水稻与小麦的光合作用效率只有 1% 到 1.5%，而甘蔗或者玉米的效率则可达到 50% 或者更高。如果人类可以人为地调控光能利用效率，农作物产量就会大幅度增加。

近年来，空气里面二氧化碳不断加，产生温室效应。光合作用能否优化空气成分，延缓地球变暖，也很值得探索。光合作用研究，还可以为仿真模拟，生物电子器件，研制生物芯片等，提供理论基础或有效途径，对开辟 21 世纪新兴产业产生广泛而深远的影响。正是这些，使得光合作用研究在国际上成为一大热点难点。

早在一个多世纪以前，科学家就已经知道了光合作用，但真正开始研究光合作用还是在量子力学建立之后，人们也越来越为它复杂的机制深深叹服。

现在，科学家们已经知道，光合作用的吸能、传能和转化均是在具有一定分子排列及空间构象、镶嵌在光合膜中的捕光及反应中心色素蛋

叶子的结构 ◇

叶子是由几种不同类型的细胞组成的，最上层的是具有保护作用的透明细胞，叫作表皮。下面是一层栅栏状排列的细胞，其中含有叶绿素。再下面是排列疏松的海面状细胞，它与叶子底部的毛孔相通，叶脉中的管道给叶子细胞带来水分，带走葡萄糖。

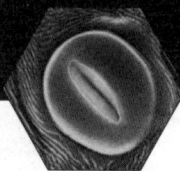

每个气孔含有两个能使其夜间关闭的保卫细胞。

在白天，保卫细胞让二氧化碳进入并排出水分。

气孔

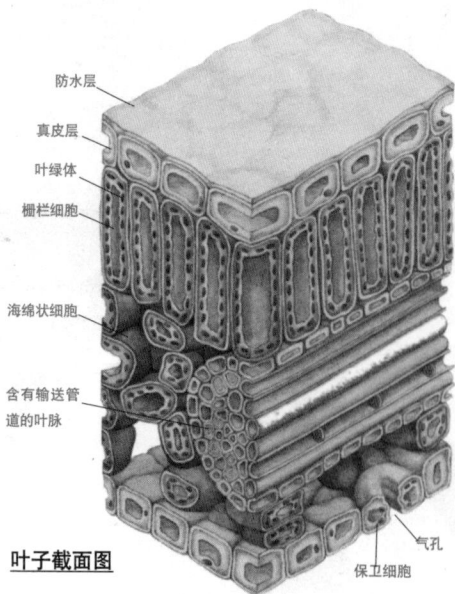

防水层
真皮层
叶绿体
栅栏细胞
海绵状细胞
含有输送管道的叶脉
气孔
保卫细胞

叶子截面图

白复合体和有关的电子载体中进行的。但是让科学家们不可思议的是，从光能吸收到原初电荷分离涉及的时间尺度仅仅为 10^{-15} ～ 10^{-17} 秒。这么短的时间内却包含着一系列涉及光子、激子、电子、离子等传递和转化的复杂物理和化学过程。

更让人惊奇的是，这种传递与转化不仅神速，而且高效。在光合膜系统中，在

这一过程是在叶细胞内一种叫作叶绿体的特殊结构中进行的。叶绿体含有叶绿素，这是一种从阳光中吸收能量的绿色色素。在光合作用过程中，用吸收的能量把二氧化碳和水结合起来形成葡萄糖。葡萄糖是整个植物的能源；氧气作为产生的废物被排放到空气中。

葡萄糖分子

氧原子
碳原子
氢原子

葡萄糖是光合作用的高能产物。它通过韧皮部输送到植物的各部分。

叶是光合作用的主要场所。它宽而薄的叶片是适应这一过程的结果。

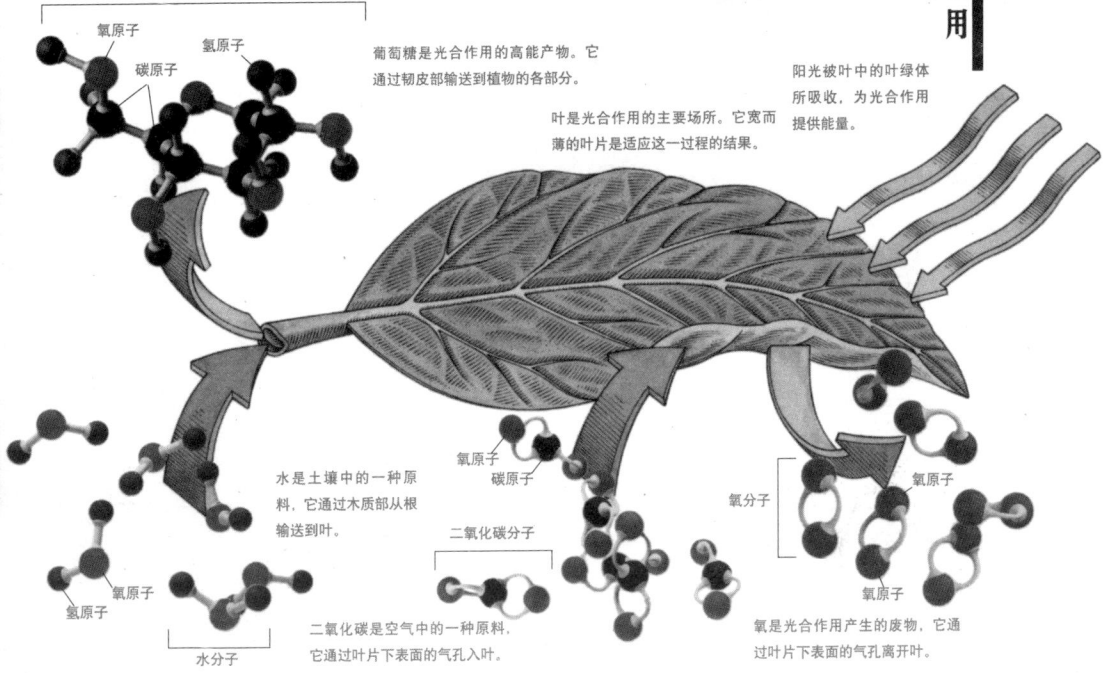

阳光被叶中的叶绿体所吸收，为光合作用提供能量。

水是土壤中的一种原料，它通过木质部从根输送到叶。

氧原子
碳原子

二氧化碳分子

氧分子

氧原子

二氧化碳是空气中的一种原料，它通过叶片下表面的气孔入叶。

氧是光合作用产生的废物，它通过叶片下表面的气孔离开叶。

氢原子
氧原子

水分子

氧原子

最适宜的条件下，传能的效率可高达 94%～98%，在反应中心，只要光子能传到其中，能量转化的量子效率几乎为 100%。这种高效机制是当今科学技术远远不能企及的。

那么，光合系统这个高效传能和转能超快过程到底是如何进行的？其全部的分子机理及其调控原理究竟是怎样的？为什么这么高效？这迄今仍是多年来一直困扰着众多科学家的谜团。有科学家说：要彻底揭开这一谜团，在很大程度上依赖于合适的、高度纯化和稳定的捕光及反应中心复合物的获得，以及当代各种十分复杂的超快手段和物理及化学技术的应用与理论分析。事实

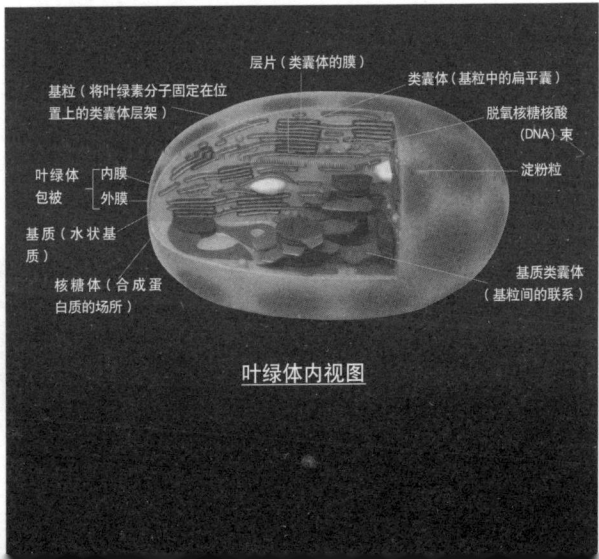

层片（类囊体的膜）
基粒（将叶绿素分子固定在位置上的类囊体层架）
类囊体（基粒中的扁平囊）
脱氧核糖核酸（DNA）束
叶绿体包被 内膜 外膜
淀粉粒
基质（水状基质）
核糖体（合成蛋白质的场所）
基质类囊体（基粒间的联系）

叶绿体内视图

植物的光合作用可分为两部分，光反应和暗反应。在光反应中植物吸收 CO_2，同时释放出 O_2；在暗反应中，ATP 及 $NADPH_2$ 中的能量用以还原 CO_2，形成高能量的葡萄糖。

上部空间即所产生的氧气

绿色植物进行光合作用生成氧气的实验。

树叶从太阳那摄取阳光。

糖分养料贮存在树叶里。

空气中的二氧化碳进入树叶。

植物在制造养料的同时，将氧气释放入空气中。

上，当代所有的物理、化学最先进设备与技术都可以用到光合作用研究中来。

光合作用的另外一个谜团是：生化反应起源是自然界最重大的事件之一，光合作用的过程是一系列非常复杂的独立代谢反应，它究竟是如何演化而来？美国亚利桑那州立大学的生化学家罗伯特教授说："我们知道这个反应演化来自细菌，大约在 25 亿年前，但光合作用发展史非常不好追踪。有多种光合微生物使用相同但又不太一样的反应。虽然有一些线索能把它们联系在一起，但还是不清楚它们之间的关系。"罗伯特教授等人还试图透过分析 5 种细菌的基因组来解决部分的问题。他们的研究结果显示，光合作用的演化

树根从土壤中汲取水分，水分沿着树干，向上输送给叶子。

并非是一条从简至繁的直线，而是不同的演化路线的合并，把独立演化的化学反应混合在一起。也许，他们的工作会给人类这样一些提示：人类也可能通过修补改造微生物产生新生化反应，甚至设计出物质的合成的反应。这样的工作对天文生物学家了解生命在外星的可能演化途径，也大有裨益。

我国著名科学家匡廷云院士曾深有感触地说："要揭示光合作用的机理，就必须先搞清楚膜蛋白的分子排列、空间构象。这方面我们最新取得的原创性成果就是提取了膜蛋白，完成了 LHC－Ⅱ三维结构的测定。由于分子膜蛋白是镶嵌在脂质双分子膜里面的，疏水性很强，因此难分离，难结晶。"现在，中国科学院植物所经过多年努力已经提取了这种膜蛋白，在膜蛋白研究上，我国已经可以与世界并驾齐驱。

那么是否可能会有那么一天，人们可以模拟光合作用从工厂里直接获取食物，而不再一味依靠植物提供呢？科学家们认为，这在近期内不可能的，因为人类对光合作用的奥秘并不真正了解，还会很多问题需要进一步弄清楚，要实现人类的这一长远理想，可能还要付出更为艰辛的努力。

有些养料变成了汁液。汁液从树叶到树根，在植物体内循环流动，为植物生长提供能量。

进行光合作用的研究如今已取得了很大的成就，然而要想真正揭示其复杂的机理，需要人类的进一步探索。

哥德巴赫猜想:
who can pick 皇冠上的明珠谁来摘 crown?

1977 年，老作家徐迟发表了轰动一时、影响极大的报告文学《哥德巴赫猜想》，不仅使以前默默无名的数学家陈景润一日成名天下知，而且文中那被他称为"皇冠上的明珠"的世界著名难题：哥德巴赫猜想的大名也为许许多多数学门外汉们所熟悉。然而，即便时至今日如果真问起什么是哥德巴赫猜想，恐怕绝大多数人仍是不知其所以然吧。不止一次地听到一些博学的万事通不屑地说：不就是 1+1＝2 吗？你说这有什么可研究的？实际的问题真是如此吗？

其实，"哥德巴赫猜想"是一道数学命题，它是德国数学家哥德巴赫于 1742 年写给当时最有名的数学家欧拉的信中提及的。 原命题是：每一个大于 2 的偶数，都可以表达为两个素数之和。偶数和素数都属于自然数范畴，小学课本上已有介

数学课上
18 世纪数学科学有了长足发展。数学教育也成了学校教育的重要部分。这是当时一所小学里学生上数学课时的情景。

绍。偶数就是双数，如 2、4、6、8、10、12 等等；素数则是只能被 1 和自身整除的自然数，如 2、3、5、7、11 等等。用数学语言描述哥德巴赫猜想为：$N=P1+P2$，简称 [1+1]，也就是两个素数之和。这里的 N 是大于 2 的任何偶数，P1、P2 均是素数。 例如 $6=3+3$ $12=5+7$ $26=3+23$ $48=7+41$ 等。这就是有名的、被许多学者认为正确，但又绵延了 260 余年仍未得到证明的"哥德巴赫猜想"。

哥德巴赫写信给欧拉时还称，他作的大量验算表明，该命题正确。但是不知道如何去证明它。 欧拉饶有兴味地读完信，立刻被吸引住了。他作的验算也表明 $N=P1+P2$ 命题正确。说到如何证明呢？欧拉同样束手无策。欧拉在 6 月 30 日给他的回信中说，他相信这个猜想是正确的，但他不能证明。于是欧拉向全世界公布了哥德巴赫猜想，希望数学界同仁集思广益给出证明。叙述如此简单的问题，连欧拉这样首屈一指的数学家都不能证明，这个猜想便引起了许多数学家的注意。多少年又过去了，世界上许多不同肤色、不同民族的数学家、数学爱好者一次次向"哥德巴赫猜想"发起冲锋，又一次次退却下来。每失败一次，都向前迈进了一步，从而更接近了真理。但迄今为止，这座堡垒仍然没有被攻克。"哥德巴赫猜想"被誉为"世界最迷人的数学难题"第一的称号。她用貌似平凡的外表，吸引无数数学家为她神魂颠倒、寝食难安。不知道有多少数学家为她浪费了宝贵的青春，却不能娶她回家。

但数学工作者们没有灰心，为攻克"哥德巴赫猜想"，他们不断地创造出各种新的数学理论来证明它。可是，问题真的是出乎意料的难。人们验证了数量巨大的数，使它成为被验证最多的数学猜想，在验证中也没有发现任何反例。但一百多年中，对它的证明却几乎不见任何实质性的进展。到了 20 世纪

书桌前的哥德巴赫

哥德巴赫是 18 世纪德国著名的数学家，做过驻俄公使，在彼德堡任科学院院士时，他提出了著名的"哥德巴赫猜想"，引起了数学界的轰动。此图表现的是哥德巴赫在书桌前冥想数学难题的情景。

欧拉像

欧拉是 18 世纪瑞士著名的数学家和物理学家,一生中最主要的贡献在于解析几何和微积分上。经常和世界各地的数学大师们通信交流研究成果,被誉为"数学界的莎士比亚"。

陈景润像

陈景润是我国杰出的数学家,师从华罗庚,1996 年,他在物质条件极其简陋的情况下,攻克了世界著名数学难题"哥德巴赫猜想",创造了摘取这颗数学皇冠上的明珠(1+1)只有一步之遥的辉煌。

20 年代,才有人开始向它靠近。1920 年,挪威数学家布郎用一种古老的筛选法证明,得出了一个结论:任何一个足够大的偶数,都可以表示成其他两个数之和,而这两个数中的每个数,都是 9 个奇质数之和。这种缩小包围圈的办法很管用,科学家们于是从(9+9)开始,逐步减少每个数里所含质数因子的个数,直到最后使每个数里都是一个质数为止,这样就证明了"哥德巴赫"。数学家们使用这种方法,哥德巴赫猜想的证明工作才开始"柳暗花明"起来。短短的 20 年内,取得了一系列重要的研究成果。

1920 年,挪威的布朗证明了 "9 + 9"。

1924 年,德国的拉特马赫证明了"7 + 7"。

1932 年,英国的埃斯特曼证明了 "6 + 6"。

1937 年,意大利的蕾西先后证明了"5 + 7","4 + 9","3 + 15"和"2 + 366"。

1938 年,苏联的布赫·夕太勃证明了"5 + 5"。

1940 年,苏联的布赫·夕太勃证明了 "4 + 4"。

1948 年,匈牙利的瑞尼证明了"1 + c",其中 c 是一很大的自然数。

我国的数学家在这一世界难题的征服上更是捷报频传。1958 年,青年数学家王元证明了"2+3",1962 年年轻数学家潘承洞又证明了"1+5"。同年,两人证明了"1+4"。1966 年,陈景润发表《大偶数表为一个素数与一个不超过两个素数乘积之和》的论文,标志着他已完成了"1+2"的证明。

他的这一杰出成果在发表后立即传遍了全世界,被誉为"陈氏定理"、"辉煌的定理",是运用筛法的"光辉的顶点",受到广泛征引,也为中国数学界争得了极大的荣誉。尤为难得的是,这篇用 200 页稿纸写出的光辉论文是陈景润

在 6 平方米居室中完成的："任何一个大于 4 的偶数，都可以表达为 1 个素数和另外 2 个素数乘积之和。"用数学式描述为 $N=P1+[P2×P3]$，其中 N 是大于 4 的偶数，P1、P2、P3 均是素数。该成果不仅是有史以来最接近"哥德巴赫猜想"的证明，而且也成了激励人们奋力拼搏的典范；成为中华儿女最时髦的话题。这篇论文简称为[1+2]，它离最终解决哥德巴赫猜想[1+1]，离摘取数论皇冠上的明珠仅一步之遥。然而这也正是最艰难的一步。陈景润直到去世没能实现攻克这一难关的宏愿。

计算机科学的迅猛发展，无疑给"哥德巴赫猜想"开了绿灯。现在的超级计算机已经验证出，在 400 万亿以内的所有偶数，均可表示为 2 个素数之和。这是一个好信息，但是与数学证明仍有较大距离。现在的最好证明，还是陈景润的[1+2]。时间也已经又过去了 30 年，这颗"皇冠上的明珠"至今仍无人摘取。2000 年，英国费伯公司宣布：愿意拿出 100 万美元奖金，来征解这道古老的数学难题。这是一个新机遇与新挑战。最后会珠落谁手呢，人们仍需拭目以待。

"哥德巴赫猜想"的统计规律示意图

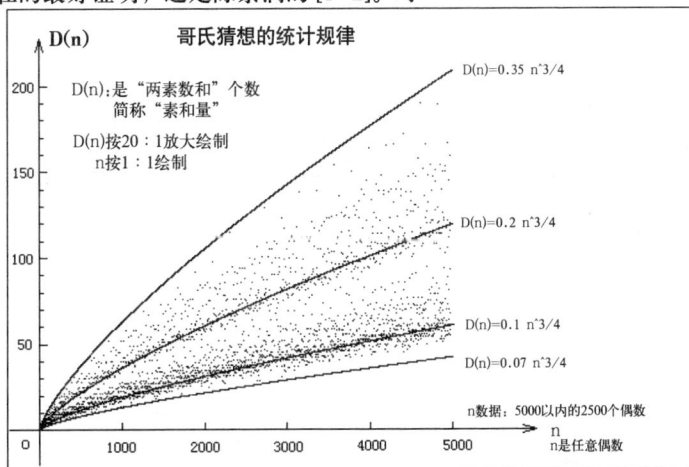

哥氏猜想的统计规律

$D(n)$

$D(n)=0.35\ n^{3/4}$

$D(n)$：是"两素数和"个数简称"素和量"

$D(n)$按20：1放大绘制
n按1：1绘制

$D(n)=0.2\ n^{3/4}$

$D(n)=0.1\ n^{3/4}$

$D(n)=0.07\ n^{3/4}$

n数据：5000以内的2500个偶数

n
n是任意偶数

图书在版编目（ＣＩＰ）数据

世界科学未解之谜 / 徐胜华，房春草编著 . —2 版 . —北京：光明日报出版社，
2004.10（2025.1 重印）（图文未解之谜系列丛书）

ISBN 978-7-80145-947-3

Ⅰ. 世… Ⅱ. 徐… ②房… Ⅲ. 自然科学—普及读物 Ⅳ .N49

中国国家版本馆 CIP 数据核字 (2004) 第 141411 号

世界科学未解之谜

SHIJIE KEXUE WEIJIE ZHI MI

编　　著：徐胜华　房春草

责任编辑：李　娟　　　　　　　　　　责任校对：乔　楚

封面设计：玥婷设计　　　　　　　　　封面印制：曹　净

出版发行：光明日报出版社

地　　址：北京市西城区永安路 106 号，100050

电　　话：010–63169890（咨询），010–63131930（邮购）

传　　真：010–63131930

网　　址：http://book.gmw.cn

E – mail：gmrbcbs@gmw.cn

法律顾问：北京市兰台律师事务所龚柳方律师

印　　刷：三河市嵩川印刷有限公司

装　　订：三河市嵩川印刷有限公司

本书如有破损、缺页、装订错误，请与本社联系调换，电话：010–63131930

开　　本：170mm × 240mm

字　　数：128 千字　　　　　　　　　印　张：10

版　　次：2010 年 1 月第 2 版　　　　印　次：2025 年 1 月第 3 次印刷

书　　号：ISBN 978-7-80145-947-3

定　　价：27.80 元